茶艺 茶道

林晓筠
编著

辽宁美术出版社

图书在版编目（CIP）数据

茶艺·茶道 / 林晓筠编著. — 沈阳 : 辽宁美术出版社，2024.11

ISBN 978-7-5314-9532-1

Ⅰ. ①茶… Ⅱ. ①林… Ⅲ. ①茶艺—中国②茶道—中国 Ⅳ. ①TS971.21

中国国家版本馆CIP数据核字（2023）第143817号

出 版 者：辽宁美术出版社

地　　址：沈阳市和平区民族北街29号　邮编：110001

发 行 者：辽宁美术出版社

印 刷 者：河北松源印刷有限公司

开　　本：787mm × 1092mm　1/16

印　　张：16

字　　数：210千字

出版时间：2024年11月第1版

印刷时间：2024年11月第1次印刷

责任编辑：王　楠

封面设计：宋双成

责任校对：满　媛

书　　号：ISBN 978-7-5314-9532-1

定　　价：128.00元

邮购部电话：024-83833008

E-mail:lnmscbs@163.com

http://www.lnmscbs.cn

图书如有印装质量问题请与出版部联系调换

出版部电话：024-23835227

前言

茶亦醉人何须酒，书自香我何须花。

茶，雅俗共赏，饮者遍天下。在文人墨客眼中，茶是高雅之事，与琴棋书画并列；在普通百姓眼中，茶是生活必需品，与柴米油盐并列。古往今来，上自帝王将相，下至平民百姓，无不以茶为好。

陆羽《茶经》云：“茶之为饮，发乎神农氏，闻于鲁周公。”早在神农时期，茶及其药用价值已被发现，并由药用逐渐演变成日常生活饮料。时至今日，人们饮茶已经不仅仅因为茶对人体有益，更因为品茶本身就是一种艺术享受。而要想品好茶，不仅要有好茶，还要有好茶具和好茶艺。

“水为茶之母，器为茶之父”，这句话充分说明了茶具对于饮茶的重要性。从人们开始饮茶起便相应地产生了饮茶的器具，历经数千年的发展，其品类更加齐全。茶具不同时期的造型、用料、色彩和铭文，承载着不同时期的历史和文化。

茶艺包括品评、操作手法和环境等整个品茶过程的美学意境，是一种物质和精神相统一的品茗文化。茶艺包括人、茶、水、器、艺、境六大要素，只有六要素完美结合才可使茶艺达到美妙的境界，才能使品茶者在观看过程中赏心悦目，在品茶过程中修身养性。

雅致的茶具可以使茶香、茶色、茶味得到更好的展现，而绝

妙的茶艺则让品茶成为一门艺术。

本书前两章简要介绍了茶的起源、发展和传播，茶树的分类，四大茶区，以及六大茶类（绿茶、红茶、乌龙茶、黄茶、白茶、黑茶）和花茶的基本鉴赏；后两章则详细介绍了茶具和茶艺的相关知识，其中包括紫砂、瓷器、玻璃等各种材质的茶具及现代茶具的知识，内容实用有趣。在茶具部分，着重对紫砂茶具做了介绍，让读者走进紫砂世界，对紫砂茶具有了更丰富的认识；在茶艺部分，除了讲解环境、礼仪等各种茶艺知识外，还分别对不同茶类的茶艺表演进行了介绍，让读者身临其境，体会茶艺这种物质与精神相统一的艺术意境。

本书以专业性的内容和清晰美观的图片引领读者走进茶的世界，帮助读者提升饮茶品位。一书在手，读的不仅是文字，更是文化；一壶在手，品的不仅是茶水，更是茶理。

目录
CONTENTS

第一章 绪论

第二章 茶叶

第三章 茶具

第四章 品茶

第一章

绪论

趣言能适意，品茶可清心

茶，
香叶，嫩芽。
慕诗客，爱僧家。
碾雕白玉，罗织红纱。
铫煎黄蕊色，碗转曲尘花。
夜后邀陪明月，晨前独对朝霞。
洗尽古今人不倦，将知醉后岂堪夸。
——唐·元稹《一字至七字诗·茶》

第一节 茶的起源

唐朝茶圣陆羽所著的《茶经》，是中国第一部关于茶的专门著作，被誉为“茶叶百科全书”。陆羽在书中的第一章“一之源”中单刀直入地介绍“茶者，南方之嘉木也，一尺二尺，乃至数十尺。其巴山峡川有两人合抱者，伐而掇之……”后来这段话成为很多研究茶的专业人士认定中国是茶的故乡的重要依据之一。

茶经

中国自古饮茶

关于茶的起源，人们莫衷一是，其中最被认可的有两种观点。

第一种观点认为，茶起源于中国。在学术界，判定一个地区是不是茶的原产地要看该地区是否有古茶树，以及有多少古茶树。中国的西南茶产区（包括西藏、四川、云南、贵州等地）拥有大量的野生乔木古茶树，最大的树龄可达 1700 年，这无疑是一种非常有说服力的依据。此外，在世界范围内，中国的茶树种类最多，茶品最丰富。

另一种观点认为，茶起源于印度。这种观点也是根据印度古茶树的数量和种类而定的。

虽然关于茶的起源地现在还没有定论，但是就知茶、用茶、将茶从饮料发展成一种文化这些层面而言，中国是当之无愧的茶文化起源地。

工夫茶

相关链接

神农尝百草

陆羽在《茶经》中说："茶之为饮，发乎神农氏，闻于鲁周公。"有人考证神农指的是炎帝，他是中华民族的祖先之一，传说就是他最早发现了茶树。

相传在远古时代，人类以采摘野果、捕食野兽为生，常常会有人因误食有毒的果实而生病甚至死亡。爱民如子的首领神农决心改变这种状况，于是他开始亲尝百草，以身试毒。

神农从来不喝生水，即使在野外，他也会架起锅，把生水煮熟了再喝。一日，神农尝到了一种有毒的草，他当时正在烧水，水还没烧开就晕倒了。过了一会儿，神农在昏昏沉沉中闻到了一

神农雕像（中）

阵沁人心脾的清香，他苏醒过来，听到锅里的水发出沸腾的声音，于是他艰难地挺起身准备用碗舀水喝，可是发现锅里的水变成了黄绿色，里面还漂着几片绿色的叶子，原来刚才闻到的清香就是从锅里飘出来的。

神农用碗舀了点儿这样的汤水喝了下去，感觉汤水清香中略带苦涩，又解渴又提神，于是又喝了几碗。神农休息了一阵之后，发现身上的毒居然解了。神农非常高兴，就将它取名为“茶”，并用它来治病。唐朝年间，饮茶之风大盛，人们对茶的认识也显著提高，知道茶是木本植物，就把“禾”改为“木”，从此“茶”字去掉一画变成了“茶”。

茶汤金黄

干茶

第二节　茶的发展

自先人发现茶叶以后，茶叶就和中国人的生活密不可分。经过数千年的历史沉淀，茶已经深深根植于中国人的心灵，成为中华民族一种难以复制的文化形态。

茶叶变迁史

因为茶叶有消炎解毒的作用，春秋时期之前，我们的祖先是将茶叶作为药物使用的。

到了秦汉时期，人们开始将茶叶用于食物中，主要是将茶叶煮成汤羹来食用，这就是最早的“茶食”。不过那时人们做“茶食”，还是取茶消炎解毒的功效。后来，随着经济、文化的发展，茶从西南地区进贡到京都长安，后又进贡到洛阳，茶叶也从四川传播到了长江中下游地区，于是饮茶的风气慢慢在全国范围内盛行。西晋末年，战乱不断，晋室南迁，中原士族也纷纷跟着南迁，财力雄厚的士族在很大程度上促进了江南地区的经济发展，同时也极大地推动了茶文化的发展。但这一时期的饮茶方式还是以加各种调料进行烹煮为主。

茶圣

到了唐朝，随着全国茶叶产量的大幅增加，茶叶开始逐渐走进普通百姓的生活中。当时人们用蒸青法把茶叶加工成饼状，这样既利于保存，又便于流通，而且茶叶的口感也有了很大提高。唐朝对茶文化还有一大贡献，就是茶圣陆羽所著的《茶经》，这是中国第一部茶书，也是当时最权威的一部茶书，它的出现为后世茶文化的发展奠定了坚实的基础。

到了宋朝，饮茶的风气更盛，茶叶与百姓的生活更加息息相关。这时候出现了蒸青的散茶，虽然它还不是当时人们饮茶的主流。

到了明朝，农民出身的朱元璋认为制作“团茶”太过奢侈，于是下诏：“罢造龙团，惟采芽茶以进。”从此，人们不再将茶叶制成茶饼，于是散茶开始流行起来。人们直接在壶或盏中沏泡散茶。从此，中国人的泡茶、饮茶方式发生了重大改变。不过，这时的散茶多是绿茶。

到了清朝，由于清室皇族对茶文化的推崇，中国的茶文化走向鼎盛。特别是慈禧太后，对制作工艺极其考究的茶膏情有独钟，但这仍旧没有撼动散茶的主流地位。这一时期，茶叶正式形成六大茶系，即我们常说的绿茶、红茶、乌龙茶、黄茶、白茶、黑茶，而绿茶是六大茶系中产量最高的一种。

绿茶

沏茶方式的演变

中国的茶叶沏泡方式可分为两大类，分别是煮茶法和泡茶法；又可分为四小类，分别是煮茶法、煎茶法、点茶法和泡茶法。煎茶法是特殊的煮茶法，是在煮茶法的基础上发展起来的；泡茶法是由点茶法演变而来的，点茶法是特殊的泡茶法。煎茶法和点茶法都属于特殊的沏茶法，形成于特定的历史时期，也曾大受欢迎，盛行一时，但后来却消亡了，现今广泛使用的是煮茶法和泡茶法。

煮茶

砖茶

煮茶

煮茶法

煮茶的历史很悠久，自汉至今，一直流行。从汉魏六朝到初唐，一直是以煮茶法为饮茶的主流方式。煮茶法操作简便易行：茶与水混合，将容器置于火上煮，直至煮沸。如果喜欢其他口味，也可酌情加盐、姜、椒、桂、酥、奶等调饮，也可不加任何作料清饮，但煮茶法以调饮为主。

现今，人们的饮茶方式多以清饮为主，但藏族、蒙古族、回族、维吾尔族等民族地区仍旧喜欢煮饮（源于唐宋的紧压固形茶如团饼茶、砖茶），且喜欢喝调饮茶，如蒙古族的奶茶、维吾尔族的香茶、藏族的酥油茶、布朗族的青竹茶等都是用煮的方法制作出来的。另外，现代的禅茶茶艺也是采用煮茶的方法。

相关链接

少数民族的常见茶饮

蒙古族的奶茶原料是青砖茶或黑砖茶，一般用铁锅煮茶。具体做法是，在锅中加入适量水，将砖茶打碎，待水沸腾后，加入打碎的砖茶，煮5分钟，再掺入1/5的牛奶，稍加搅动后再加入适量的盐。待整锅咸奶茶开始沸腾时，就煮好了。注意，煮咸奶茶时投料的次序很重要，要先放茶再放奶，否则就会有损茶味。

藏族的酥油茶原料是普洱紧压茶或金尖。其做法也是先将茶打碎，放入壶中加水煮20分钟左右，因为藏族所居地区海拔较高，水基本上烧不到100℃，所以煮茶的时间比蒙古族咸奶茶要长些。煮好后，滤去茶渣，把茶汤倒入打茶筒中，加入酥油、熟芝麻、花生仁、盐等，抽打均匀即可。

蒙古族的奶茶

藏族的酥油茶

加入茶叶

煎茶法

煎茶法是唐代流行起来的饮茶方式，是中国最早的茶艺形式，曾传到日本、韩国、朝鲜等国，在一定范围内产生过深远影响。煎茶法其实就是一种特殊的末茶煮饮法，其做法是，以鍑盛水置于风炉上，加火将水烧开，水初沸时投茶入鍑，用竹夹环搅，陆羽主张这时加点盐调味，但不宜加其他作料。到茶水二沸时茶便煎成，用瓢舀到茶碗中趁热饮用。如用石铫煎茶，因其有柄有流，则可直接倒入茶碗。煎茶法始现于晋朝，中晚唐时期盛行，到了五代渐渐衰落，到了南宋消亡不见。煎茶法消亡时，点茶法开始兴盛。

点茶法

点茶法是两宋时期流行的饮茶方式，对日本抹茶道和高丽茶礼都产生了广泛影响。点茶需用茶粉，茶粉是指将茶叶碾碎之后再磨细后的粉末。具体方法是将汤瓶置风炉上取火候汤，水温以水烧至初沸或二沸为宜，温度过高过低皆不好。烤焙茶盏，令其受热，用茶匙取适量茶粉投入茶盏中，先注沸水少许，调成膏状，然后边注沸水边用茶筅环搅，待盏面乳沫浮起时茶就沏好了。点茶法既可以在小茶盏中进行，也可在大茶瓯中进行，再用勺分到小茶盏中饮用。点茶法是晚唐时期出现的，在两宋时期广泛流行，衰于元，消亡于明朝后期。

点茶茶具

茶汤

泡茶

泡茶法

泡茶法是中华茶艺的代表方式，自明朝中期形成以来一直到今天仍在广泛流行。泡茶法是明清以来的主流茶叶泡饮方式，而且其对日本的煎茶道、朝鲜茶礼及其他国家的饮茶方式均有影响。泡茶法的来源有两个：一是唐代“庵茶”的壶泡法；一是宋代点茶法的撮泡法。撮泡法一人一杯，直接在杯中续水，更受现代人欢迎。

当代，以壶泡与撮泡及工夫茶为基础，加以改良，又衍生出一些新的泡茶法，如在传统工夫茶基础上，发明了闻香杯和茶海（公道杯）的台湾工夫茶，以及用盖碗代壶的台湾变式工夫茶。当代的泡茶法多种多样，人们可以根据自己的需求加以选择。

根据茶叶的质量、品种和冲泡的水温可以将泡茶法细分为三类，分别是冷泡、低温泡、沸水泡。

泡茶

1. 冷泡

冷泡是近些年才流行的泡茶法，其泡茶的水温为 0℃ ~ 15℃。冷泡的茶香气不如传统的泡茶法，但清凉甘洌，风味独特。冷泡的茶叶用量是开水泡茶用量的 3 倍，由于水温低，要让茶叶在冷水的浸润下散发出茶香，用量必须大。采用这种方式泡茶，茶叶相对耐泡些。

冷泡茶也并非完全用冷水泡茶。具体泡法是取一只容量为 1 升的壶，放上 15 克左右的茶叶，先在壶中注入刚没过茶叶的热水，然后盖上壶盖。待茶叶完全被水浸润，茶香散发出来后，再放置一段时间，待茶叶条索展开后，放入几块大冰块，直到把壶放满，盖上壶盖，然后将壶放在阳光充足的地方，等听到壶盖“啪”的一声完全盖上时，茶也就泡好了。

冷泡法泡出的茶适合夏季饮用，夏季午后泡上一壶，别有一番滋味。

冷泡

冷泡出的茶

2. 低温泡

低温泡是指用 85℃左右的水来泡茶。这种泡法适合泡绿茶。绿茶质地细嫩，如果用滚烫的水冲泡会导致茶叶过熟，茶叶香气迅速散发，变得不耐泡。低温泡法在操作时，根据不同茶叶的特点，又分下投法、中投法和上投法三种冲泡方法。上投法适合最鲜嫩的绿茶，如碧螺春；中投法比较适合松散的茶叶，如黄山毛峰；而下投法则适合条索紧结的绿茶，如西湖龙井。具体操作手法将在第四章中讲到。

低温泡绿茶

3. 沸水泡

沸水泡是指用95℃以上的水来泡茶。此法适用于质地较老的茶叶，一般来说，中低档茶叶宜选用沸水泡。在茶艺中，乌龙茶和普洱茶最常选用这种泡法。在福建一些地方，乌龙茶被称为“烧茶”，意思是说茶汤的温度很高，喝到嘴里很烫。沸水泡茶的要点在于保证茶汤的温度，因此在泡茶过程中需要温壶、淋壶等程序。

沸水泡质地较老的茶叶常会有一个洗茶过程，即将沸水冲入壶中，不待茶叶出色就迅速把茶水倒掉。洗茶除了可以去掉一部分灰尘，还可以让茶叶吸湿、受热，利于茶味浸出。对普洱茶来说，洗茶还可以去掉茶叶在陈化过程中产生的一些异味。

沸水泡普洱茶

沸水泡普洱茶

相关链接

茶圣陆羽

唐代的陆羽不仅是中国茶道宗师，也是一位文学家、诗人、书法家、地理学家，还精通音律，擅长戏剧，是当之无愧的才子。他知行合一、重情守信、洁身自好、躬行大道，被世人称为“茶圣”。在唐代陆羽之前，没有人写过关于茶的著作。陆羽仿佛为茶而生，他一生事茶，矢志不渝。陆羽曾走遍各地，历时近30年，终于写成《茶经》这部杰作。

茶圣陆羽

《茶经》

《茶经》不仅是中国也是世界上第一部茶学专著，被誉为“茶叶百科全书”。该书有三卷十章，分别是源、具、造、器、煮、饮、事、出、略、图，总结了唐以前茶叶的历史，介绍了制茶、烹茶、饮茶技艺，并提出了“精行俭德”的茶道思想。陆羽第一次将日常饮茶活动和怡情养性结合在一起，从而开中国茶道之先河。

唐以前，人们喝茶的方式很粗糙。到了唐朝，因为陆羽的倡导，人们第一次将饮茶变成了陶冶性情的方式，使喝茶成为一件非常讲究的事情。

据统计，国内外《茶经》藏本共有109种，还被翻译成英、德、意、韩等多种文字刊行，版本之多在出版史上是罕见的。陆羽的《茶经》虽是一千多年前茶文化的开山之作，但其水平之高、包容之广，直到今天，世界上仍无后起之作可与之比肩。

第三节 茶的传播

在世界三大无酒精饮料中，茶占有极其重要的地位，它以独特的口感和迷人的艺术魅力享誉全球。英国学者艾伦·麦克法兰在他的著作《绿色黄金：茶叶帝国》一书中写道："只有茶叶成功地征服了全世界。"

茶叶与茶具

中国茶道

传入日本

日本原本不是产茶地，唐朝时期，中国的茶传入日本。公元805年，也就是“茶圣”陆羽去世后的第一年，日本遣唐使中的高僧最澄和尚首次将中国的茶籽带回国，种在日本中部的滋贺县，从此日本也有了茶。

南宋末期，日本南浦绍明禅师来到中国浙江余杭的径山寺求学取经。在这里他学到了该寺院的茶宴仪程，并将中国的茶道带到日本。后来日本又在此基础上加入了一些自身元素，逐渐形成了日本茶道。千利休是日本茶道的集大成者，他提出日本茶道的基本精神为“和、敬、清、寂”。

日本茶道有两种：一种是抹茶道，源于宋代茶法；另一种是煎茶道，由明代饮茶法演变而来。中国茶道是源，日本茶道是流，是以禅宗文化为背景所创立的茶文化流派，它着重追求严格的程式和悟省功夫，其完整的流程长达4小时之久。近几年，中国茶在日本日益流行，并已普及到一般家庭。东京还陆续开设了一些专卖中国茶的茶馆，吸引了不少年轻人。

抹茶道

学习茶艺

传入韩国

公元 828 年，新罗（朝鲜）使者金大廉将唐朝的茶籽带回国，植于地理山，后新罗人开始逐渐学习制茶、饮茶。韩国在农历的每月初一、十五，以及重大节日和祖先生日，都要举行“茶礼”，其中“五行茶礼”是国家级的最高茶礼，主要是为了祭祀中国的茶祖神农氏。参与活动的众人齐以手中之茶向神农氏神位敬献，场面十分壮观。

韩国茶礼的基本精神为“和、敬、俭、真”，源于中国古代的饮茶习俗，同时融合了禅宗文化、儒家与道教的伦理道德以及韩国传统的礼节。到了近代，韩国为了寻找韩茶之根，翻译了许多中国茶文化著作。

传入英国

1662 年，葡萄牙公主凯瑟琳嫁给英国国王查理二世时，中国茶是她的嫁妆之一，自此中国茶传入英国。由于凯瑟琳的宣传，英国宫廷盛行起了饮茶之风，并逐渐扩展到王公贵族及富豪世家。在当时，

上流社会的下午茶

英式下午茶

英式下午茶

饮中国茶象征着上流社会的身份与地位，且价格十分昂贵。后来饮茶的风气逐渐传入民间，中国茶从此风靡英国。因此，凯瑟琳被称为“饮茶皇后”。

到了 19 世纪的维多利亚时代，英国有一位名叫安娜·玛丽亚的公爵夫人，她喜欢每天下午在家准备好点心和茶，再邀请三五好友，大家一起聊天、吃点心、喝茶，享受美妙的下午时光。后来，她的这一做法被名媛们纷纷效仿，在社交圈成为风尚，并逐渐形成一种优雅的下午茶文化。传统的英式下午茶时间是下午四五点钟，其必不可少的要素是幽雅舒适的环境、丰盛的冷热点心和高档的茶具。

今天，有 80% 的英国人习惯每天饮茶，年人均饮茶约 3 千克，茶叶消费量几乎占各种饮料总消费量的一半。饮茶之风的兴盛，必然推动茶叶贸易与消费的发展。而英国本土不产茶叶，为此英国茶叶的进口量长期居世界第一位。

传入美国

17 世纪末，茶叶随着欧洲移民一起来到美洲，很快，茶叶就在那里流行起来。1784 年，美国的一艘名为“中国皇后”号的商船远渡重洋来到中国，运回茶叶等物资，进一步推动了美国饮茶风尚的兴起与茶叶贸易和茶文化的发展。

近年来，方便快捷的袋茶走入人们的生活，并大受欢迎。袋茶起源于美国纽约的茶商汤玛士·撒利邦。有一次他将茶的样本放入绢布袋中，有一位餐厅的客人无意间将它放进装了热水的茶壶里，人们发现这样也可以泡茶，而且效果很不错，于是茶包就诞生了。用袋茶泡茶已经是当今风行世界的一种泡茶法。

乌龙茶

袋泡茶

相关链接

郑和下西洋

郑和下西洋对中国茶文化的传播功不可没，他把中国的茶叶带到了海外各国，因此有人称郑和下西洋的路线为“海上茶叶之路”。如今，郑和下西洋时所到的泰国、马来西亚、新加坡、斯里兰卡、印度、肯尼亚等亚非国家都成了茶叶大国。而郑和下西洋的另一个贡献就是让人们认识到了茶的保健作用。

郑和雕像

1519年，葡萄牙著名航海家兼探险家麦哲伦，率领一支200多人的远洋船队从南美洲东岸向太平洋进发。3个月后，很多船员出现了腹泻、呕吐、流鼻血、牙出血、浑身无力的症状，等船到达目的地时，活下来的仅有35人，人们对此众说纷纭，找不出原因。后来，人们才知道这种病是由于缺乏维生素C造成的，人们称之为坏血病。

而中国古代的远洋船队却没有船员患坏血病的相关记载。从明朝郑和下西洋的有关史料中了解到，郑和七次下西洋，从来没有人患过坏血病。后来人们调查中国船员的饮食习惯发现，中国船员特别喜欢喝绿茶，而中国的绿茶富含维生素C，这使得中国船员免遭坏血病的威胁。从此，中国茶的保健功效被海外熟知。

茶

第二章

茶叶

欲把西湖比西子，从来佳茗似佳人

嫩芽香且灵，吾谓草中英。
夜臼和烟捣，寒炉对雪烹。
惟忧碧粉散，常见绿花生。
最是堪珍重，能令睡思清。
——唐·郑遨《茶诗》

第一节　茶树

从陆羽的《茶经》中我们可以知道茶树是生长于南方的优良树种。在植物学分类中，茶树属于被子植物门、双子叶植物纲、山茶目、山茶科、山茶属、茶种，是多年生木本常绿植物。

茶叶种植

茶园

茶树的分类

目前，我国茶树通常采用三级分类法。

按照树型分类

按照树型可把茶树分为三种类型。

1. 乔木型：其特点是有明显而高大的主干。

2. 小乔木型：基部主干明显。

3. 灌木型：我国灌木型茶树栽培广泛，各茶区均有种植。

按照叶片大小分类

按照叶片大小可把茶树分为四种类型。

1. 特大叶类：叶长超过 14 厘米，叶宽 5 厘米以上。

2. 大叶类：叶长 10.1 厘米 ~ 14 厘米，叶宽达 4.1 厘米 ~ 5 厘米。

3. 中叶类：叶长 7 厘米 ~ 10 厘米，叶宽 3 厘米 ~ 4 厘米。

4. 小叶类：叶长小于 7 厘米，叶宽小于 3 厘米。

小叶类

中芽种

按照发芽迟早分类

按照发芽迟早可将茶树分为三种类型。

1. 早芽种：春茶一芽三叶时期活动积温小于 400℃。

2. 中芽种：春茶一芽三叶时期活动积温为 400℃ ~ 500℃。

3. 迟芽种：春茶一芽三叶时期活动积温大于 500℃。

第二节 四大茶区

我国产茶区幅员辽阔，南起海南省三亚市一带，北到山东省烟台市蓬莱区；西自西藏自治区林芝市，东至台湾省。全国有 20 个省、自治区、直辖市，1000 多个县（市）产茶。茶学界根据我国产茶区的自然条件、茶树品种、茶类结构将其划分为四大茶区。

茶山

华南茶区

华南茶区

华南茶区包括福建南部、广东中南部、广西南部、云南南部、海南和台湾。华南茶区的年平均气温在 20℃以上，生长期长。部分地区的茶树无休眠期，全年都有正常芽叶，只要妥善管理，可常年采茶。华南茶区的大部分产区一年可采 7 ~ 8 轮。该茶区的茶树种类丰富，出产普洱茶、六堡茶、铁观音、凤凰单丛、滇红、英德红茶、台湾乌龙茶等名茶。

西南茶区

西南茶区包括贵州、四川、重庆、云南中北部和西藏东南部。本茶区的特点是地形复杂，气候变化大，地势较高，多数茶区海拔在 500 米以上，属于高原茶区。在这样的自然环境下，茶树品种也很丰富，所产茶类主要有绿茶、红茶、黑茶和花茶。凤冈翠芽、都匀毛尖、蒙顶黄芽、蒙顶甘露、雷山银球茶等名茶即产于本茶区。

西南茶区

江南茶区

江南茶区

江南茶区包括广东北部、广西北部、福建中北部、湖南、浙江、江西、湖北南部、江苏南部。江南茶区在四大茶区中占有举足轻重的地位，茶叶产量占全国总产量的一半以上。江南茶区多是名山名湖，名山有天目山、武夷山、庐山等，名湖有太湖、洞庭湖等，是西湖龙井、洞庭（山）碧螺春、武夷大红袍、武夷肉桂、闽北水仙、君山银针、太平猴魁、安吉白茶、白毫银针、六安瓜片、祁门红茶、正山小种、庐山云雾等名茶的原产地。

江北茶区

江北茶区的范围是南起长江，北至秦岭、淮河，西起大巴山，东至山东半岛，包括甘肃南部、陕西南部、湖北北部、河南南部、安徽北部、江苏北部和山东南部。这个茶区是我国纬度最高的茶区，地处北亚热带的北缘，气温较低，积温少，茶的生长期不是很长，茶树可能遭遇冻害，产量不是很高，但也出产一些名茶，例如信阳毛尖、午子仙毫、秦巴雾毫、恩施玉露、日照雪青、崂山绿茶、龙神翠竹等。

江北茶区

相关链接

茶树的“四喜四怕”

茶树适于生长在什么样的环境中呢？归纳起来茶树有“四喜四怕”，即喜酸怕碱、喜光怕晒、喜暖怕寒、喜湿怕涝。下面我们详细介绍一下。

喜酸怕碱：我国西南部原始森林的土壤和茶树分布较多地区的土壤都是酸性土，可见茶树适于生长在酸性土壤中。

喜光怕晒：阳光对于植物的生长至关重要，茶树的生物产量90%以上是靠光合作用形成的，适当强度的光照是必不可少的。但是光照过强也不行，这会抑制茶树的生长。茶树在进化过程中，长期生长在原始森林中，因此，茶树适于生长在云雾多、漫射光多的高山茶园。

古茶树

喜暖怕寒：茶树生长最适宜的温度在15℃~30℃，10℃左右开始发芽，最低临界温度因茶树品种不同而有所差异，大叶种为-6℃、中小叶种为-15℃~-12℃。北方冬季温度过低，这是造成茶树冻害、难以过冬的主要原因。

喜湿怕涝：我们要饮用的是茶树的叶子，芽叶的生长要求水分供应充分，季节性干旱不利于茶树生长，但低洼地长期积水，排水不畅，也不利于茶树生长，这会阻碍茶树根系的发育。

云雾缭绕的茶园

茶树

第三节　名品品鉴

现代茶品根据加工方式可以分为两大类，即基础茶类和再加工茶。再加工茶是在基础茶类的基础上配上鲜花、干花、香料或干果等加以熏制而成的。随着科技的发展，人们还将茶中的萃取物做成茶饮料，这也属于再加工茶类中的一种。

这里主要介绍基础茶类，根据其发酵程度和加工方式的不同可分为六种，分别是绿茶、红茶、乌龙茶（青茶）、白茶、黄茶和黑茶。除此之外，还有一种被人们称为花茶的特殊品类。

绿茶

绿茶

绿茶，即不发酵茶，因干茶和冲泡后的茶汤、叶底呈现出的色泽偏绿而得名。中国名茶以绿茶居多，其香浓味长，品质优异，且造型独特，具有较高的艺术欣赏价值。绿茶历史悠久，是我国最早制成的茶类，至今仍是我国产销量最大、消费人口最多的茶类。

绿茶

绿茶以茶树新梢为原料，经过杀青、揉捻、干燥等工序制成。因为绿茶没有经过发酵，这决定了它较多地保留了鲜叶内的天然物质。其中茶多酚、咖啡碱保留了鲜叶的 85% 以上，叶绿素保留 50% 左右，维生素损失也较小，故而绿茶具有汤清叶绿、滋味收敛性强等特点。根据相关研究可知，绿茶中保留的天然物质成分，对防衰老、防癌、抗癌、杀菌、消炎等均有特殊效果，这是发酵类茶等所不能及的。绿茶按其干燥和杀青方法的不同，一般分为炒青绿茶、烘青绿茶、晒青绿茶和蒸青绿茶。

炒青绿茶

南京雨花茶

细嫩炒青绿茶

1. 炒青绿茶

杀青、揉捻后以滚炒为主要干燥方式的绿茶称为炒青绿茶。炒青绿茶又可细分为细嫩炒青、长炒青和圆炒青。细嫩炒青的代表名茶有龙井、碧螺春、南京雨花茶、安化松针、凤冈翠芽、午子仙毫等；长炒青的代表名茶有珍眉、秀眉、贡熙等；圆炒青的代表名茶有平水珠茶等。

2. 烘青绿茶

太平猴魁

杀青、揉捻后用烘焙方式干燥的绿茶称为烘青绿茶。烘青绿茶又可分为细嫩烘青和普通烘青，黄山毛峰、太平猴魁、高桥银峰等属于细嫩烘青茶；福建的闽烘青、湖南的湘烘青、安徽的徽烘青、浙江的浙烘青等属于普通烘青茶。

烘青绿茶

3. 晒青绿茶

杀青、揉捻后用日晒方式干燥的绿茶称为晒青绿茶。晒青绿茶主要有陕青、滇青、川青、桂青、黔青等。

另外，还有一种不像前面几种那么常见的蒸青绿茶，这也是我国的传统名茶。这类茶先用蒸汽将茶青蒸软，而后进行揉捻、干燥制成。其代表性品种有恩施玉露等。蒸青绿茶在日本特别受欢迎。近些年还出现了微波杀青绿茶，这属于用现代工艺生产的绿茶。

西湖龙井

“从来佳茗似佳人”，这是北宋大文学家苏轼称赞西湖龙井的一句诗。西湖龙井在我国的名茶中占有举足轻重的地位，其制作历史非常悠久，始于唐朝，得名于宋朝，闻名于元朝，发扬于明朝，到清朝就更加兴盛了。西湖龙井以色绿、香郁、味甘、形美四绝著称于世，曾被乾隆皇帝赐封为“御茶”。

西湖龙井

西湖龙井

产地：浙江杭州西湖风景名胜区。
干茶：色泽翠绿，扁平光滑，形似碗钉。
汤色：碧绿明亮。
香气：馥郁清香，有豆花香。
滋味：甘醇、鲜爽。
叶底：匀齐，细嫩成朵。

龙井茶的采摘宜早不宜迟，通常以清明前采制的龙井茶品质最佳，称“明前茶”；谷雨前采制的品质也较好，称“雨前茶”。采摘标准为一芽一叶、一芽两叶初展及幼嫩对夹叶。西湖龙井的炒制手法繁复，依据不同鲜叶原料及不同炒制阶段分别采取抖、搭、捺、拓、甩、扣、挺、抓、压、磨十大手法制成。

洞庭碧螺春

洞庭碧螺春是我国远近闻名的名茶，中国十大名茶之一，其以形美、色艳、香浓、味醇的特点一直为人称道。洞庭碧螺春产于我国有名的茶、果间作区。茶树和桃、李、杏、梅、柿、橘、白果、石榴等果木交错种植，茶树、果树枝丫交错，根脉相通，茶吸果香，如此产出了碧螺春独一无二的天然品质。

洞庭碧螺春的采摘时间始于每年春分前后，终于谷雨前后，采摘一芽一叶作为原料，经摊青、杀青、炒揉、搓团、焙干而成。

碧螺春

产地：江苏苏州洞庭东西山一带。
干茶：条索纤细，卷曲成螺，茸毛遍布，白毫隐翠。
汤色：汤绿清明。
香气：有花果香。
滋味：鲜醇甘厚。
叶底：细匀柔嫩。

庐山云雾

产地：江西九江庐山含鄱口、仙人洞等地。

干茶：条索紧结，饱满秀丽，芽长毫多，叶色翠绿。

汤色：绿而通透。

香气：有豆花香。

滋味：浓醇鲜甘。

叶底：嫩绿微黄，匀齐柔润。

庐山云雾

庐山云雾也是中国传统十大名茶之一，其特点是味醇、色秀、香馨、液清。由于庐山地势险峻，丛林茂密，清泉涌流，云雾缭绕，在这种特殊的环境下，形成了庐山云雾“茶色香幽细比兰花”的特质。相传，庐山云雾最初是由鸟雀衔种而来，其生长环境多为悬崖峭壁，茶农为了采摘此茶，需要翻过崇山峻岭，越过荆棘丛生之地，手脚被划伤、衣服被刮破是常有的事，因此它又被叫作“钻林茶”。今天，庐山云雾是庐山的著名特产，深受人们喜爱，凡到庐山的中外游客，都会购买此茶，以便馈赠亲友。

庐山云雾的采茶时间在清明前后，随海拔增高而推迟，采摘一芽一叶初展，经杀青、抖散、揉捻、炒二青、理条、搓条、拣剔、提毫、烘干制成。

黄山毛峰

黄山毛峰也是绿茶中的佼佼者，中国十大名茶之一，产于安徽黄山风景区及与景区毗邻的汤口、充川、岗村一带。由于黄山毛峰茶全身披满了白色的茶毛，芽尖酷似山峰，于是取名为“毛峰”，又因其产自黄山，所以得名“黄山毛峰”。质量最上乘的黄山毛峰具有“鱼叶金黄”和“色如象牙”的特点。

黄山毛峰于清明至谷雨前后采摘一芽一叶初展，一芽一叶、一芽二叶初展，经杀青、揉捻、烘焙制成。

黄山毛峰

产地：安徽黄山。
干茶：形似雀舌，匀齐壮实，峰显毫露。
汤色：清碧微黄。
香气：清香高长。
滋味：鲜浓、醇厚、甘甜。
叶底：嫩绿带黄，肥硕成朵。

六安瓜片

六安瓜片

六安瓜片也叫片茶，为绿茶特种茶类，是国家级历史名茶，它是绿茶中唯一去梗去芽的片茶。六安瓜片的产地位于大别山区，那里山高林密，云雾缭绕，气候温和，极适于茶叶生长，自古以来就出产好茶，而六安瓜片就是其优秀代表。六安瓜片的鲜叶采回后要及时扳片，将嫩叶（未开面）、老叶（已开面）分离出来，芽、茎梗和粗老叶炒制“针把子”，作为副产品处理。六安瓜片因其优秀的品质和独特的工艺，曾在1915年和1942年的万国博览会上获得金奖。

六安瓜片的最佳采摘时间是谷雨前，称为“提片”；其后采制的称为“瓜片”，产量最大；而进入梅雨季节后采摘的品质就很一般了，称为“梅片”。采摘标准为一芽二叶、一芽三叶或对夹二三叶，经生锅、熟锅、毛火、小火、老火五道工序制成。

六安瓜片

产地：安徽六安。
干茶：形似瓜子，自然伸展，叶绿微翘，色泽宝绿，不含芽尖茶梗。
汤色：澄明透亮。
香气：清香透鼻，回味悠长。
滋味：鲜醇，头苦尾甘，苦中透甜。
叶底：嫩绿鲜活。

信阳毛尖

信阳毛尖

信阳毛尖，又名“豫毛峰”，产于河南南部大别山区的信阳，是中国十大名茶之一，驰名中外。信阳毛尖多产于海拔 500 米～800 米的崇山峻岭中，这里群峦叠翠，溪流纵横，云雾弥漫，丝丝缕缕的雾气滋润了肥壮柔嫩的茶芽，为制作独特的信阳毛尖提供了天然资源。

信阳毛尖的采茶期分三季：清明、谷雨前后采春茶，芒种前后采夏茶，立秋前后采秋茶。采摘细嫩的一芽一二叶，经摊青、生锅、熟锅、初烘、摊凉、复烘制成。谷雨前的优质茶称“雪芽”，谷雨后的称“翠峰”，再后的称“翠绿”。

信阳毛尖

产地：河南信阳一带。
干茶：细圆光直，多白毫，色泽翠绿。
汤色：嫩绿、黄绿或明亮。
香气：清香扑鼻。
滋味：甘醇，头道苦，二道甜，三道四道清爽甜。
叶底：嫩绿匀齐。

太平猴魁

产地：安徽黄山新明、龙门、三口一带。
干茶：扁平挺直，二叶抱芽，自然舒展，白毫隐伏。
汤色：清绿明澈。
香气：香气高爽、持久。
滋味：甘醇，有独特的味道。
叶底：嫩绿匀亮，芽叶成朵肥壮。

太平猴魁

太平猴魁是我国历史名茶，创制于1900年，产于安徽黄山北麓的黄山区（原太平县）新明、龙门、三口一带。该地区山势挺拔，树林茂密，终年云雾笼罩，再加上土质肥沃、湿度大，所以茶叶质量很高。

太平猴魁的采摘标准为一芽三叶初展，并严格做到“四拣”，即拣山、拣丛、拣枝和拣尖（即折下一芽二叶的尖头）。制作过程为杀青、毛烘、足烘、复焙。

都匀毛尖

都匀毛尖又名“鱼钩茶”，是中国十大名茶之一，产于贵州都匀，属黔南布依族苗族自治州，主要产地在团山、哨脚、大槽一带。此地山谷起伏，气候宜人，是极佳的茶树生长地。都匀毛尖曾于1915年在巴拿马万国食品博览会上荣获金奖，人们曾这样称赞它：“北有仁怀茅台酒，南有都匀毛尖茶。”

采摘一芽一叶，经杀青、锅揉、做形、焙干制成。

都匀毛尖

产地：贵州都匀的团山、哨脚、大槽一带。
干茶：外形匀整，身披白毫，卷曲如螺。
汤色：黄绿明亮。
香气：鲜嫩清爽。
滋味：醇爽回甘。
叶底：绿中显黄，芽头肥壮。

恩施玉露

产地：湖北省恩施五峰山一带。

干茶：条索紧圆光滑，纤细挺直如针，色泽苍翠绿润。

汤色：嫩绿明亮。

香气：清爽，有特殊的海苔香。

滋味：滋味醇厚，鲜爽怡人。

叶底：嫩绿匀整。

恩施玉露

恩施玉露曾被称为“玉绿”，亦被称为“玉露茶”，是产于湖北恩施五峰山一带的针形蒸青绿茶。此产区在武陵山区腹地，境内多属低山或二高山地区，土壤肥沃，植被丰富，四季分明，冬无严寒，夏无酷暑，终年被云雾笼罩，为名优茶的生产创造了条件。

采摘细嫩的一芽一二叶，经蒸青、扇干水汽、铲头毛火、揉捻（回转和对揉）、铲二毛火、整形上光、烘焙、拣选制成。

蒙顶甘露

蒙顶甘露是产于四川蒙山的卷曲形炒青绿茶，因为主要产于山顶，故被称作“蒙顶茶”。蒙顶甘露是中国历史上最悠久的名茶，始于西汉，盛于唐。初唐入贡，被尊为“茶中故旧”“名茶先驱”，是卷曲形绿茶的代表。

采摘初春一茶一叶初展，经摊放、杀青、揉捻、整形提毫、烘焙、复火、包装制成。

蒙顶甘露

产地：四川蒙山。
干茶：形状纤细，紧秀多毫。
汤色：清澈明亮。
香气：香气馥郁，芬芳鲜嫩。
滋味：鲜嫩爽口，浓郁回甘。
叶底：嫩绿匀整。

花茶

绿茶

相关链接

四季饮茶大不同

1. 春饮花茶

春季天气干燥，容易上火，比较适合饮用花茶。花茶气味芬芳，有利于散发人体内在冬季积聚下来的秽浊之气。顺应自然时节生发阳气，使人神清气爽。

2. 夏饮绿茶

夏季天气炎热，人体湿气重，适合饮用绿茶。绿茶属于未发酵茶叶，性苦寒。炎热的夏季泡上一杯清爽的绿茶，既可以祛暑又能清热。

3. 秋饮青茶

初秋时节，暑湿仍旧比较重，喝茶还是以绿茶为主。随着气候的变化，天气越来越干燥寒冷，可以选择乌龙茶。乌龙茶既有绿茶的清香，也有红茶的醇厚。温凉适中，能清热除燥、润肺生津。

4. 冬饮红茶

冬季天气严寒，熟普洱茶、红茶是最理想的选择。这两种茶性质比较甘温，能于寒冬温暖身体。

乌龙茶

红茶

红茶

红茶是在武夷岩茶（乌龙茶）的基础上简化加工工序而制成的一种全发酵茶类。

福建崇安县（现武夷山市）星村镇是红茶的创始地，当地人最先创制出小种红茶，后逐渐演变成工夫红茶。随后工夫红茶制法又由福建传至安徽、江西等地。19 世纪，我国的红茶制法传到印度、锡兰（斯里兰卡的旧称）等国。20 世纪 20 年代，印度等国制出了红碎茶。我国在 20 世纪 50 年代末也开始试制红碎茶，到今天已有很大发展。一般分为小种红茶、工夫红茶、红碎茶。

红茶

小种红茶

1. 小种红茶

小种红茶是世界红茶的始祖，原产地位于福建武夷山桐木关一带。产在桐木关海拔 800 米 ~ 1500 米高山区的叫正山小种，产于毗邻山区的是外山小种，邻近县市用松烟熏制的是“烟小种”。小种红茶汤色红艳明亮，有松烟香，味甘醇似桂圆汤，曾大受英国皇室欢迎。如今，桐木关一带已纳入世界文化、自然双遗产地，正山小种红茶的生产受到严格限制，成为稀缺珍品。

2. 工夫红茶

工夫红茶是在小种红茶的基础上发展而来的，种类有产于福建的闽红工夫茶、产于湖北的宜红工夫茶、产于江西的宁红工夫茶、产于湖南的湖红工夫茶、产于广东的粤红工夫茶、产于浙江的越红工夫茶、产于四川的川红工夫茶等。其中最名贵的是产于安徽祁门一带的祁红工夫茶和产于云南的滇红工夫茶。质量最上乘的祁红工夫茶外形条索细嫩挺秀、金毫显露，色泽乌黑油润，汤色明艳红亮，香气高鲜嫩甜，具有类似玫瑰花的甘香，称之为“祁门香”，滋味鲜醇嫩甜。滇红工夫茶外形肥壮，显金黄毫，汤色红艳，滋味浓醇。

滇红工夫茶

3. 红碎茶

红碎茶就是茶青经萎凋、揉捻后，用机器切碎，然后经发酵、烘干制成的红茶。红碎茶的茶汁浸出快、浸出量大，适合做成“袋泡茶”，饮用方便快捷，在世界上很受欢迎。

红碎茶

正山小种

正山小种

正山小种红茶的产地位于福建武夷山、建阳、光泽三县交界地带，以武夷山星村镇的桐木关为中心，海拔 800 米 ~ 1500 米的高山区（即目前国家级自然保护区内）所产的红茶均可称为“正山小种”。“正山”意为“真正的高山”。国家级自然保护区之外毗邻山区所产的红茶称为“外山小种”。

正山小种产地重峦叠嶂，云蒸霞蔚，森林覆盖率高达98.6%，这里的表土为花岗岩风化土，土层厚达1米以上，为酸性，腐殖质含量高，土中夹杂碎石，多空隙，透气性好，有利于茶树根系发育。正山小种在制作过程中的特别之处是用松烟熏制，国际上称其为拉普山小种红茶，在18世纪时就已出口欧美，深受英国皇室推崇，被茶界人士尊为“世界红茶始祖”。

正山小种

产地：福建武夷山、建阳、光泽三县交界地带。
干茶：条索肥壮、紧结圆直，色泽乌黑油润。
汤色：红艳清澈。
香气：芬芳浓郁，带松烟香和桂圆、蜜枣味。
滋味：醇厚鲜浓。
叶底：肥软呈古铜色。

坦洋工夫红茶

坦洋工夫红茶为闽红三大工夫红茶之一。相传，清同治年间(1862—1874)由福安县坦洋村胡福四（又名胡进四）创制，当时备受欢迎，又经广州出口到西欧。根据相关记载可知，1898年的出口量高达5万箱（约1500吨），引得大批茶商入山求市，以至坦洋村的茶叶供不应求。于是福安县及周边的寿宁、周宁、霞浦、柘荣等县竞相学习制作这种工夫红茶，但产量仍以坦洋为最，品质亦以坦洋工夫红茶为佳。

坦洋工夫红茶

坦洋村地处海拔1200米的白云山下，这里“晴天遍地雾，雨来满山云”，除此之外，还有清溪环绕、飞泉漱玉，是种植茶树的极佳地区，所产的坦洋工夫茶质量极高。

坦洋工夫红茶

产地：福建福安、寿宁、周宁、霞浦等县。
干茶：条索细长匀整，带白毫，色泽乌黑有光。
汤色：鲜艳呈金黄色。
香气：高锐持久，有甘草的香甜气。
滋味：清鲜甘醇。
叶底：红匀光滑。

祁门红茶

产地：安徽祁门、东至、贵池、石台、黟县，以及江西浮梁一带。

干茶：外形条索紧细，苗秀显毫，色泽乌润。

汤色：红艳透明。

香气：清鲜持久，似果香又似兰花香。

滋味：醇厚隽永。

叶底：嫩软红亮。

祁红

祁红是“祁门工夫红茶”的简称，是驰名中外的红茶精品，居世界三大高香之首。

祁红是产于安徽祁门及其毗邻各县的条形工夫茶的统称。因为这一带所产的红茶有一种特殊的芳香，外国人称其为“祁门香”“王子香”或“群芳最”。

祁红采摘一芽一二叶至一芽二三叶，经萎凋、揉捻、发酵、烘焙和毛筛、抖筛、分筛、紧门、撩筛、切断、风选、挑剔、补火、清风、拼和而成。

政和工夫红茶

政和工夫红茶是闽红三大工夫红茶之首，是这三种工夫茶中最具有高山茶品质特征的一种条形茶，创制于 19 世纪中叶，主产于福建北部的政和。该地属亚热带季风湿润气候，气候温和，年降水量 1543 毫米，山岭多在海拔 1000 米～1200 米。茶树品种主要是小乔木大叶种无性系名茶政和大白茶，也产出少量的小叶种红茶。当地茶农在生产政和工夫红茶时，还会精选一些具有花香特色的小叶种红茶，按一定比例，与大叶种茶进行搭配，所以口味极有特色。

政和工夫红茶

产地：福建省政和、松溪及浙江庆元高山茶区。

干茶：条索肥壮、重实匀齐，色泽乌黑油润，毫芽显露。

汤色：红亮清澈。

香气：浓郁芬芳，隐约之间颇似紫罗兰香气。

滋味：醇厚鲜爽并富有收敛性。

叶底：橙红，柔软。

九曲红梅

产地：浙江杭州市郊的湖埠、上堡、灵山一带。

干茶：条索紧细、弯曲如钩，满披金色茸毛，色泽乌润。

汤色：红艳鲜亮。

香气：芬馥高长。

滋味：浓郁甘醇。

叶底：柔软完整。

九曲红梅

九曲红梅简称“九曲红”，是杭州西湖区另一大类茶叶，是红茶中的珍品，其中湖埠大坞山所产的质量最好。大坞山高500多米，山顶为一盆地，土壤为沙质，土质肥沃，四周山峦环抱，林木茂盛，遮风避雪，避免了太阳直射；地临钱塘江，江水蒸腾，山上云雾缭绕，这些都为茶树的生长提供了良好条件。

金骏眉

金骏眉，属于高端红茶，是近十几年才出现的，一经问世就引起了人们的极大关注。该茶是2005年由福建武夷山国家级自然保护区正山茶业有限公司创始人、正山小种红茶第二十四代传人江元勋先生及其制茶师团队研发出的，是江元勋先生等正山茶业同人集体智慧的结晶。

制作金骏眉的原料来自武夷山国家级自然保护区内海拔1200米～1800米高山上，这里生长着原生态野茶树，制成一斤金骏眉就需要6万~8万颗芽尖。金骏眉的制法结合了正山小种传统工艺，全程由制茶师手工制作，是不可多得的红茶中的极品。

金骏眉

金骏眉

产地：福建武夷山。

干茶：外形细小而紧秀，颜色为金、黄、黑相间。

汤色：清澈明亮，呈金黄色。

香气：浓郁，似为果、蜜、花、薯等综合香型。

滋味：鲜活甘爽，茶韵悠长。

叶底：芽尖鲜活，秀挺亮丽。

滇红工夫茶

滇红工夫茶的产地位于云南省滇南、滇西两个地区，属于大叶种类型的工夫茶。因滇红工夫茶的采制时期不同，其成品品质也不同，通常来说，春茶质量最佳，夏茶和秋茶次之。

滇红工夫茶

产地：云南凤庆、临沧、保山、西双版纳、红河等地。

干茶：条索紧直肥壮，苗锋完整，金毫显露，色泽乌黑油润。

汤色：红浓透明。

香气：鲜郁高长。

滋味：浓厚鲜爽。

叶底：红润匀亮。

宜红工夫茶

产地：湖北宜昌、恩施。

干茶：条索紧细有金毫，色泽乌润。

汤色：红艳明亮，茶汤稍冷即有“冷后浑”现象。

香气：高香持久。

滋味：醇厚鲜爽。

叶底：红亮柔软。

宜红工夫茶

宜红工夫茶亦称“宜红”，是产于湖北宜昌、恩施的条形工夫茶。据相关记载可知，宜红工夫茶是19世纪中叶创制的，至今有百余年历史。

制作宜红工夫茶需采摘一芽二三叶，经萎凋、揉捻、发酵、干燥制成。

川红工夫茶

川红工夫茶亦称“川红”，产于四川宜宾筠连、高县等地，其创制时间为20世纪50年代，是工夫茶中的后起之秀。2014年6月26日，川红工夫茶正式成为四川省非物质文化遗产，成为川内首家红茶类的非遗项目，有力地推动了宜宾茶产业的发展。

川红工夫茶的采摘标准以一芽二三叶为主，经萎凋、揉捻、发酵、干燥制成。

川红工夫茶

产地：四川宜宾筠连、高县、珙县等地。
干茶：细嫩显毫，乌黑油润。
汤色：红艳明亮。
香气：清鲜持久，带有橘糖香。
滋味：鲜醇爽口。
叶底：厚软红匀。

英德红茶

产地：广东英德。

干茶：外形成条、重实，色泽乌润，金毫显现。

汤色：红艳明亮。

香气：鲜爽浓郁。

滋味：浓厚甘润。

叶底：匀整红亮。

英德红茶

1959 年，英德红茶创制成功，它是直接利用云南大叶种鲜叶研制成的，1964 年工艺基本定型，并通过中央四部（农业部、商业部、外贸部、一机部）鉴定。英德红茶的产地是广东英德，主要销往我国香港、澳门和东南亚地区。

制作英德红茶时采摘云南大叶种的一芽二三叶，经萎凋、揉捻、揉切、发酵、干燥制成。

乌龙茶

乌龙茶（青茶）

乌龙茶诞生于福建，是在武夷茶的基础上发展而来的，关于具体创制时间，学术界还没有定论。目前所能查到的有关乌龙茶制法的文字记载，最早见于清代陆廷灿《续茶经》(1734 年）所引述的王草堂的《茶说》。《茶说》中描述武夷茶的制作工序和成品茶的品质特色与现代乌龙茶非常接近，可以肯定这时的武夷茶即属于乌龙茶类。《茶说》的成书时间在清代初年，由此可推断乌龙茶制茶工艺的形成必定在此时间之前。一般有闽北乌龙茶、闽南乌龙茶、广东乌龙茶、台湾乌龙茶。

1. 闽北乌龙茶

闽北乌龙茶是指产于福建北部的乌龙茶。其中最负盛名的是武夷岩茶和闽北水仙。

武夷岩茶的主要品种有闻名遐迩的茶王“大红袍”及当家品种肉桂和水仙。除此之外，还有铁罗汉、白鸡冠、水金龟、半天腰、北斗、瓜子金等名丛，以及近些年比较受推崇的黄观音、金观音、丹桂等新品种。

武夷岩茶汤色橙红明亮，有天然花香，滋味醇厚，叶底呈明显的“绿叶红镶边”，并且有香久益清、味久益醇、耐泡、耐储存等特点。

闽北水仙在历史上很有名，是我国乌龙茶类中的传统出口产品，主要产于福建建瓯、建阳、南平、顺昌。因主产地是建瓯南雅，故又名南雅水仙。

武夷岩茶

闽北水仙

2. 闽南乌龙茶

产于福建南部安溪、华安、永春、平和等地的乌龙茶统称为闽南乌龙茶。我国的乌龙茶主要产于闽南茶区，仅安溪一个县的乌龙茶产量就占全国乌龙茶产量的 1/4。乌龙茶中最广为人知的名品就是铁观音。另外，安溪的黄金桂、本山、毛蟹，永春的佛手，平和的白芽奇兰，绍安的八仙及梅占、桃仁等，也都是闽南乌龙茶中的珍品。以上叙述的都是纯种乌龙茶，除此之外，闽南人也常将不同品种的茶混合采制或制好后混合拼配，这样生产出来的乌龙茶统称为“色种”。

铁观音茶汤

3. 广东乌龙茶

广东乌龙茶中最名贵的是产于广东潮州潮安的凤凰单丛和产于饶平县的岭头单丛，其次是产于饶平县的饶平色种。近几年来，凤凰单丛和岭头单丛都很注意在茶的香气方面下功夫，分别推出了单丛十大香型，此举很受消费者欢迎。

岭头单丛茶

4. 台湾乌龙茶

台湾乌龙茶根据其萎凋程度和做青程度不同而分为三类。

（1）包种茶

包种茶是经过炒青、揉捻、干燥等工艺程序生产出来的乌龙茶，其发酵程度较低，为8%～10%。包种色泽较绿，汤色黄亮，滋味和口感与绿茶相似，但有乌龙茶特有的香气和韵味。包种茶主产于台湾北部的台北和桃园。其中质量最上乘的产于文山，故很多人称包种茶为“文山包种”。

包种茶

（2）乌龙茶

经过炒青、揉捻、初干、包揉、再干燥等工艺程序生产的半发酵茶，在台湾才称为乌龙茶，发酵程度为 15% ~ 25%。其中以冻顶乌龙、高山乌龙最有名。

（3）椪风茶

椪风茶又名膨风茶，是指经过炒青、湿巾包覆回软、揉捻、干燥等工艺程序生产的乌龙茶，发酵程度为 50% ~ 60%。“椪风”在闽南语中原为“吹牛”之意，因为这种茶的价钱非常昂贵，故名“椪风”茶。其中的极品称为东方美人，又名白毫乌龙、五色茶。

椪风茶

武夷大红袍

产地：福建武夷山。
干茶：条索紧结，叶端稍扭曲，色泽绿褐鲜润。
汤色：橙黄明亮。
香气：浓郁持久，有兰花香。
滋味：醇厚甘润，“岩韵”特征显著。
叶底：肥厚明亮，红边鲜艳，匀齐。

武夷大红袍

武夷大红袍是乌龙茶中的奇葩，被世人赞誉为“茶中状元”，号称岩茶之王，堪称国宝。

大红袍为千年古树，因早春茶芽萌芽时，远望通树艳红似火而得名，现仅存6株，生长在武夷山北部天心岩下天心庵之西的九龙窠。该处海拔600多米，溪涧飞流，云雾笼罩，常年受山泉雨露滋养。该地的土壤微量元素丰富，苔藓覆盖，不施肥料，生长旺盛。原生大红袍芳香独特，岩韵丰厚，耐冲泡。人们在每年5月采摘，产量极少，极为珍贵。为保护母树正常生长，现已休采。市面上销售的大红袍均为大红袍母株繁育的大红袍茶树鲜叶制成的茶叶。

安溪铁观音

铁观音是乌龙茶中的极品，产于福建安溪。安溪西坪地区为中轴，西坪以东称外安溪，西坪以西称内安溪。两地气候差异较大，内安溪为铁观音的产地。此地泉甘土赤，十分适于栽种铁观音。

铁观音外形呈颗粒状，春茶的茶汤滋味醇厚顺滑，秋茶的茶汤香气高长，人称“春水秋香”。铁观音分清香型和浓香型两种，目前市场上常见的多为清香型铁观音。

安溪铁观音

产地：福建省安溪县。
干茶：形状肥壮，结实、匀整、沉重，色泽鲜润，砂绿翠润，青梗绿腹，红点明显。
汤色：金黄或橙黄，清澈明亮。
香气：浓郁持久，有天然的兰花香和特殊的“铁观音”味。
滋味：醇厚，甘鲜，耐冲泡，“七泡有余香”。
叶底：肥厚明亮，呈绸面光泽。

冻顶乌龙茶

产地：台湾南投凤凰山支脉冻顶山一带。
干茶：颗粒紧结，呈半球形（渐成球形）。
汤色：黄绿，清澈明亮。
香气：有花香，略带焦糖香。
滋味：甘醇浓厚，喉韵悠长，耐冲泡。
叶底：柔软完整。

冻顶乌龙茶

冻顶乌龙茶是台湾名茶，被誉为台湾“茶中之圣”。

冻顶乌龙茶产于台湾南投凤凰山支脉冻顶山一带。相传，茶区都分布在海拔 600 米～1800 米的高山上，因产区山多雾浓，山路陡滑，上山的茶农必须把脚尖“冻”起来（绷紧脚尖）才能上山顶，故称此山为“冻顶山”，茶叶则被称为“冻顶茶”。传统冻顶茶是用软枝乌龙茶种制作的，但软枝乌龙茶产量稀少，后逐渐换成青心乌龙茶制作。

冻顶乌龙茶采制工艺十分讲究，采摘青心乌龙等良种的芽叶，经晒青、凉青、摇青、炒青、揉捻、初烘、多次反复团揉（包揉）、复烘、焙火制成。

白鸡冠

白鸡冠是武夷山四大名丛之一，该茶产量稀少，十分珍贵。白鸡冠茶树生长在慧苑岩火焰峰下外鬼洞和武夷山公祠后山，此树的芽叶奇特，叶色淡绿，绿中带白，芽儿弯弯又毛茸茸的，形态就像白锦鸡头上的鸡冠，故名白鸡冠。其采制特点与大红袍类似。

白鸡冠

产地：福建武夷山。
干茶：条索卷曲成条，色泽米黄呈乳白。
汤色：清澈明亮。
香气：清幽持久，有百合花香。
滋味：喉韵浓厚，岩韵突出。
叶底：叶面透黄，红边显现。

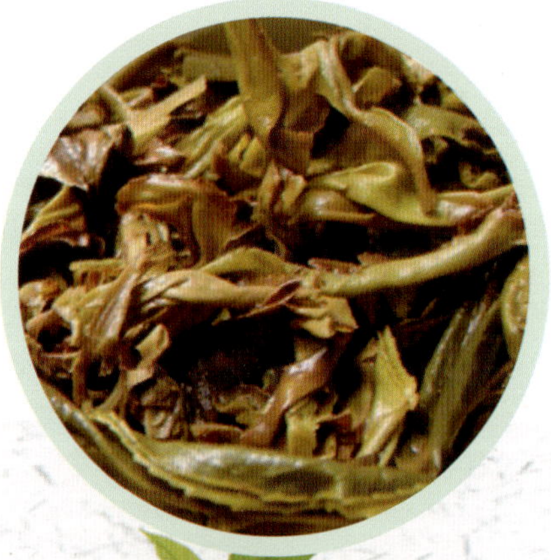

铁罗汉

产地：福建武夷山。

干茶：外形条索紧结，色泽绿褐。

汤色：橙黄明亮。

香气：馥郁持久，有兰花香，耐冲泡。

滋味：厚重醇爽，岩韵明显，回甘快、强。

叶底：软亮匀整。

铁罗汉

铁罗汉属乌龙茶类，创制于清乾隆年间，产于闽北“秀甲东南”的名山武夷，主要分布在武夷山内山（岩山），生长在岩缝之中。采制工艺与大红袍类似，为武夷岩茶之上品。

水金龟

水金龟属半发酵茶，既有铁观音之甘醇， 又有绿茶之清香，其特色是鲜活、甘醇、清雅、芳香，是茶中珍品。

采制工艺与大红袍类似，为武夷岩茶之上品。

水金龟

产地：福建武夷山。
干茶：条索紧结壮实，色泽青褐。
汤色：橙黄透亮。
香气：芬芳馥郁。
滋味：甘甜爽滑，岩韵很强。
叶底：鲜嫩匀整。

凤凰水仙

产地：广东潮安凤凰山。
干茶：条索挺直肥大，色泽黄褐，油润有光。
汤色：橙黄清澈。
香气：持久，有天然花香。
滋味：浓、醇、爽、甘，耐冲泡。
叶底：肥厚柔软，叶腹黄亮，边缘朱红。

凤凰水仙

凤凰水仙又名“待诏茶”，其产地位于广东潮安凤凰山区，相传在南宋时期已有栽培。

制作工序为采摘水仙茶树鲜叶，经晒青、晾青、做青（碰青或摇青）、炒青、揉捻、烘焙制成。

凤凰单丛

凤凰单丛茶产于广东潮安凤凰山。凤凰山茶农富有选种种植经验，现在尚存的3000余株单丛大茶树，树龄均在百年以上，单株高大如榕，品质优良。

凤凰单丛茶所需鲜叶一般在下午进行采摘，不采摘水叶、雨水叶。经晒青、晾青、做青、杀青、揉捻、烘焙制成。

凤凰单丛

产地：广东潮安凤凰山。
干茶：条索挺直肥硕，黄褐似鳝鱼皮色。
汤色：橙黄明亮。
香气：有天然花香。
滋味：浓郁，甘醇，爽口，具有山韵蜜味。
叶底：青蒂绿腹红镶边。

黄茶

黄茶

黄茶的特点是茶叶颜色偏黄，茶汤黄亮，故得此名。黄茶之所以具有黄汤黄叶的特点，是因为在制作时有一个闷黄的过程，即利用高温杀青破坏酶的活性，其后由于湿热作用引起多酚物质的氧化作用，并产生一些有色物质。在变色程度较轻的情况下就制成了黄茶，程度重的则制成黑茶。

黄茶的出现是在制作绿茶的过程中，在最后烘干时由于烘干不足导致茶叶闷黄，进而出现了这种茶品。因此可推断，只要出产绿茶的地方都可能出产黄茶。黄茶的类别一般按鲜叶的嫩度和芽叶大小来划分，可分为黄芽茶、黄小茶和黄大茶三类。

1. 黄芽茶

黄芽茶是采摘单芽或一芽一叶加工而成的，名贵的品种有湖南岳阳的君山银针，四川雅安的蒙顶黄芽，以及安徽霍山的霍山黄芽。

黄芽茶

2. 黄小茶

采摘细嫩芽叶加工而成的黄茶是黄小茶，其代表性品种有湖南岳阳的北港毛尖和浙江温州的平阳黄汤等。

平阳黄汤

3. 黄大茶

黄大茶是采摘一芽二三叶甚至一芽四五叶为原料加工而成的黄茶。其代表性品种有安徽霍山大黄茶和广东大叶青等。

黄大茶

君山银针

君山银针属黄茶类，是我国“十大名茶”之一。君山银针的成品茶芽头肥壮，匀直整齐，内呈金黄色，外表满披白毫，故有“金镶玉”的美誉，又因茶芽外形很像一根根银针，故名君山银针。君山银针由单一茶芽经特殊工艺精制而成。

在采摘嫩芽的时候，不能用指甲掐，而要用手轻轻将芽头摘下，用来盛芽头的小竹篓中要垫上皮纸，以防芽头上的茸毛被磨掉。采摘完成后，经杀青、摊放、初烘、发酵、复烘、拣选等工序制成。

君山银针

产地：湖南岳阳洞庭湖君山岛。

干茶：芽头茁壮，满披白毫，条针匀齐，色泽金黄鲜亮。

汤色：杏黄明净。

香气：清鲜持久。

滋味：甘醇鲜爽。

叶底：肥厚匀亮。

霍山黄芽

霍山黄芽是安徽历史名茶，主要产于安徽省霍山县大化坪镇金鸡山、太阳乡金竹坪。在唐朝时期，它被列为十四品目贡品名茶之一，在明清时期，被列为珍贵贡品。此茶一度失传，直到1971年才经研究恢复。现如今，霍山黄芽已被列为全国名茶之一，与黄山、黄梅戏并称为“安徽三黄”。

制作霍山黄芽需于谷雨前两三天采摘刚刚展开的一芽一叶或一芽两叶，经炒茶、做形、初烘、摊放、复烘等工序精制而成。

霍山黄芽

产地：安徽霍山。

干茶：形似雀舌，细嫩多毫，叶色嫩黄。

汤色：黄绿清澈。

香气：鲜爽持久，有熟板栗香。

滋味：醇厚回甜。

叶底：嫩黄匀整。

蒙顶黄芽

产地：四川雅安蒙顶山。

干茶：芽条匀整，扁平挺直，金毫显露。

汤色：黄中透碧，清澈明亮。

香气：甜香浓郁。

滋味：甘醇鲜爽。

叶底：全芽嫩黄、嫩匀厚实。

蒙顶黄芽

蒙顶黄芽，芽形黄茶之一，产于四川雅安蒙顶山。蒙顶茶自西汉开始就已经栽培了，历史悠久，古时是进贡到宫廷中的贡品，中华人民共和国成立后曾被评为全国十大名茶之一。

制作蒙顶黄芽需采摘色黄绿而肥壮的单芽，经摊放、杀青、闷黄、整形提毫、烘焙干燥等工序制成。

白茶

白茶的特点是满披白毫，如银似雪，故得此名。白茶茶汤带有典型的生豆子的味道，清凉爽口。

在茶学界，关于白茶的起源有两种说法：一种认为白茶是宋代创制的，理由是宋徽宗赵佶曾经在其著作《大观茶论》里提到白茶。而一些专家否定了这个论断，他们认为赵佶在《大观茶论》中提到的白茶是安吉白茶，那是一种绿茶，在南方，特别是在福建地区，人们把浅绿色都称为“白”。另一种说法认为白茶是中国乃至世界出现最早的一款茶，可以追溯到神农尝百草时期，这是专家根据白茶的制作程序推测的。

白茶

白茶属于轻微发酵茶，发酵工艺是萎凋、晒干（或者烘干）。制作白茶的原料通常是芽叶上白绒毛多的品种。制成的成品茶满披白毫，十分素雅，汤色清淡，味道鲜醇。白茶主要产于福建的福鼎、政和、松溪、建阳等县，台湾也有少许出产。

白茶依照原料的不同可分为白芽茶和白叶茶两类。

白芽茶

1. 白芽茶

顾名思义，其原料是肥壮的芽头，其代表性品种有产于福建福鼎市、用烘干方式生产的北路白毫银针，以及产于福建政和县、用晒干方式生产的南路白毫银针。这两类白茶通称“白毫银针”，在港、澳和东南亚地区非常受欢迎。

白毫银针

2. 白叶茶

采摘一芽二三叶或用单片叶按白茶生产工艺制成的白茶统称为白叶茶，其代表性品种有白牡丹、贡眉等。

白叶茶

白牡丹茶

白牡丹茶是中国白茶中的珍贵品种。因为其绿叶夹白毫芽，形似花朵，沏泡时叶托着嫩芽，就像牡丹的蓓蕾，故名白牡丹。制作原料以福鼎大白茶和政和大白茶的鲜嫩芽叶为主，再搭配少量的水仙品种茶叶。只经萎凋、烘焙两道工序制成。

白牡丹茶可以陈放多年后再喝，滋味清甜淡雅，有红茶的影子。此外，白牡丹茶还具有退热祛暑的功效，适于夏季饮用。

白牡丹茶

产地：福建政和、建阳、松溪、福鼎等地。
干茶：芽心肥壮，色泽呈深灰绿或青苔色，遍布白色茸毛。
汤色：杏黄明亮。
香气：清香鲜爽。
滋味：清醇淡雅。
叶底：浅青灰色，叶面较肥厚。

白毫银针

产地：福建政和、福鼎。

干茶：形状似针，色白如银，芽头肥壮，密披白毫。

汤色：浅杏黄，明亮清澈。

香气：清芬。

滋味：汤味醇厚，清鲜爽口。

叶底：挺直俊秀，肥厚多汁，细嫩完整。

白毫银针

白毫银针简称“银针”，又叫“白毫”，素有茶中“美女”“茶王”之美称，是白茶中的极品。因其满身遍披白色茸毛，色白如银，银光闪闪，状似针而得名。白毫银针为微发酵茶，产于中国福建，是白茶中的极品。过去，白毫银针都是采用春天茶树新生的嫩芽制成的，故而产量很少，弥足珍贵。现代生产的白毫银针，则选用茸毛较多的茶树品种，采摘春茶头一二轮顶芽嫩梢一芽一叶，将真叶与鱼叶轻轻剥离，将茶芽匀摊到水筛上晾晒至八九成干，再以焙笼文火焙干，筛拣去杂制成。

贡眉

贡眉又被称为“寿眉”，是白茶中产量最高的一个品种，其产量约占到白茶总产量的一半以上。主要产于福建建阳。这种茶的原料为小叶菜茶、福鼎大白茶等茶树的芽叶，取一芽二三叶，经萎凋、焙干而成。贡眉和寿眉只是鲜叶原料略有不同，一般以贡眉为上品，其质量优于寿眉，近年则一般只称贡眉，而不再有寿眉。

贡眉

产地：福建的建阳、福鼎、政和、松溪等地。
干茶：毫心明显，茸毫色白且多，色泽翠绿。
汤色：橙色或深黄色。
香气：鲜醇持久。
滋味：醇爽浓厚。
叶底：匀整柔软，叶片迎光看去，可透视出主脉的红色。

黑茶

黑茶

黑茶属于后发酵茶，特点是越陈越香。

黑茶的基本工艺流程是杀青、揉捻、渥堆、干燥。早期的黑茶一般用较粗老的原料来制作，加之制作过程中往往堆积发酵时间较长，因而叶色呈油黑色或黑褐色，故称黑茶。黑茶主要供边区少数民族饮用，所以又称边销茶。黑茶是压制各种紧压茶的主要原料。各种黑茶的紧压茶是藏族、蒙古族和维吾尔族等日常生活的必需品。他们有“宁可一日无食，不可一日无茶”的说法。黑茶按其产地可分为湖南黑茶、湖北老青茶、四川边茶、广西黑茶、云南普洱茶。

1. 湖南黑茶

湖南安化是湖南黑茶的主产地，益阳、桃江、宁乡、沅江、汉寿、临湘等地也有出产。湖南黑毛茶经蒸压装篓后称天尖，蒸压后成砖形的称黑砖、花砖或茯砖等。安化产的千两茶也属黑茶类。

安化黑茶茶汤

2. 湖北老青茶

老青茶的主要产地位于湖北地区的蒲圻、咸宁、通山、崇阳、通城等地，故而人们又称其为湖北老青茶。另外，湖南临湘也少量生产老青茶。用来压制青砖茶的老青茶分为面茶与里茶两种。面茶较精细，里茶较粗糙，压制成的茶砖主要销往内蒙古自治区。

湖北老青茶

3. 四川边茶

四川边茶可分为南路边茶和西路边茶。南路边茶主产于雅安、天全、荥经等地，蒸压后的产品称为康砖、金尖，康藏地区是其主要市场；西路边茶主产于都江堰市、崇州市、大邑县等地，蒸压后一般制成方包茶或茯砖，主销川西各地。

四川边茶

4. 广西黑茶

广西黑茶主产于广西苍梧县六堡乡，所以也称为“六堡茶”，具有红、浓、醇、陈四大特点，在黑茶中占有重要地位。

广西黑茶

5. 云南普洱茶

普洱茶是以云南大叶种晒青茶为原料，采用特定的加工工艺制成的具有独特品质特征的茶叶。云南大叶种茶是分布于云南茶区的各种乔木型、小乔木型大叶种茶树品种的总称。普洱茶最不同于其他茶叶的特征是具有越陈越香的特点，能够用来收藏，与人们常说的“茶贵新、酒贵陈”的传统观点完全不同。普洱茶可以在空气中持续发酵，存放时间越长越香醇，随着陈化期的延伸，品质会越来越好，价格也会越来越高。

普洱茶的制作工艺也是具有独特之处，它是在晒青毛茶的基础上经自然发酵或人工渥堆发酵制作而成的。晒青和后发酵是普洱茶与其他茶叶制作差异最明显的地方。

依照茶的外观形状、存放条件和存放时间长短，普洱茶有不同的分类方法。下面我们介绍一下普洱茶的种类。

普洱茶

（1）普洱散茶和普洱紧压茶

未经蒸压，保持条索状的普洱茶称为普洱散茶。通过蒸压做成不同形状的普洱茶统称为普洱紧压茶，常见的有普洱沱茶、七子饼茶、金瓜普洱、普洱方茶等。

（2）干仓普洱和湿仓普洱

干仓普洱指的是存放在常温、常湿，卫生条件良好的库房中，让生普洱茶在自然温湿条件下缓慢地逐步陈化的普洱茶。干仓普洱质量较高，随着存放时间的延长，具有越陈越醇之特点。湿仓普洱则通过人为加湿，或把普洱茶（生茶）存放在阴暗潮湿的库房中，缩短其陈化周期。湿仓普洱常有难闻的霉味，其品质很难再随着储存时间的延长而逐年改善。

（3）生普洱与熟普洱

尚未完成陈化过程的新普洱称为生普洱；通过泼水渥堆发酵或经过长期干仓陈化的普洱茶就是熟普洱。质量上乘的生普洱汤色清亮，滋味浓烈，香气鲜爽。质量上乘的熟普洱汤色呈亮丽的琥珀色，滋味浓醇，带有特殊的陈香。

普洱小沱茶

普洱生茶

普洱熟茶

云南普洱茶

历史上的普洱茶，泛指原思茅茶区（今思茅区、西双版纳傣族自治州）生产的，集中于普洱府所在地（今普洱市）销售的，以云南大叶种茶为原料制成的晒青毛茶，以及用其压制成的紧压茶。普洱茶的制作工艺具有独特之处，以云南大叶种青毛茶的中、低档茶为原料，经毛茶付制、后发酵、筛制、拣剔、拼堆包装，加工成散茶，再经蒸压塑形而成普洱沱茶、普洱砖茶、七子饼茶等各种紧压茶。另外，普洱茶可以在空气中持续发酵，存放时间越长越香醇，随着陈化期的延伸，品质会越来越好，价格也会越来越高。

普洱茶

普洱生茶

产地：云南普洱。

干茶：干叶呈墨绿色，显白毫。

汤色：绿黄清亮。

香气：清醇持久。

滋味：入口生涩，舌面和喉咙有发紧的感觉，回甘强烈、持久。

叶底：肥厚黄绿。

普洱熟茶

产地：云南普洱。

干茶：条索肥壮，色泽褐红。

汤色：红浓明亮。

香气：醇浓，带有特殊的沉香味。

滋味：醇厚回甘。

叶底：褐红或深栗色，除了等级很高的熟茶外很难完整。

广西六堡茶

六堡茶是原产于广西苍梧六堡乡的黑茶，现在产区分布在浔江、郁江、贺江、柳江和红水河两岸的二十余县。六堡茶的原料中最上乘的是恭州村及黑石村的茶叶，特别是发金花的，更受欢迎，而且品质越陈越香。六堡茶的包装也别具特色，一般都采用传统的竹篓包装，既通风透气以利茶叶所含物质继续转化，又便于运输、饮用及保存，还充满淳朴自然的意味。

六堡茶由采摘一芽二三叶，经摊青、低温杀青、揉捻、渥堆、干燥等工序制成。

六堡茶

产地：广西壮族自治区梧州市苍梧县六堡乡。
干茶：条索长整紧结，色泽黑褐。
汤色：红浓，明净如琥珀色。
香气：陈厚，有独特的槟榔香气。
滋味：甘醇，有松烟味和槟榔味。
叶底：铜褐色。

湖南茯砖

茯砖茶是湖南黑茶的代表品种，其压制要经过原料处理、蒸汽渥堆、压制定型、发花干燥、成品包装等工序。其中，最关键的步骤是发花干燥。茯砖茶在发花加工过程中会产生一种对人体健康有益的益生菌，名叫金花菌。它在生长繁殖过程中产生金黄色闭囊壳，在放大镜下看似一颗颗金黄色的绒球，俗称“金花”。茯砖是用来煮奶茶的好原料，主要销往新疆地区。近年来茯砖茶逐渐流行起来。

茯砖茶

产地：湖南益阳安化县。
干茶：外形为长方砖形，砖面平整规则、棱角分明、厚薄一致，砖内有金黄色的“金花”。
汤色：橙黄清澈。
香气：纯正浓郁，有菌香。
滋味：醇和香浓。
叶底：黑褐色，叶面不完整。

花茶

市场上通常将具有花香味的茶统称为花茶。常见的花茶种类有真花茶、花香（香精）茶、拌花茶、花形茶、窨花茶。其实，真正意义上的花茶是指窨花茶，即用茶叶和香花进行拼合窨制，使茶叶吸收花香而制成的茶。成品既有茶香又有花香，且花香经久耐泡。

明代钱椿年的《茶谱》记载："木樨、茉莉、玫瑰、蔷薇、兰蕙、橘花、栀子、木香、梅花皆可作茶。"而对花茶制造方法的记载最早见于朱权的《茶谱》："薰香茶法，百花有香者皆可。当花盛开时，以纸糊竹笼两隔，上层置茶，下层置花，宜密封固，经宿开换旧花。如此数日，其茶自有香味可爱。"可见，当时花茶是"隔离薰香"的。这种方法虽然节省了人工拣花的时间，但因茶与鲜花隔离，会影响茶坯吸收香气。后来人们对这种方法进行改进，逐渐发展成为窨制法。

茉莉花茶

茉莉花茶又叫茉莉香片，是用茉莉花窨制的花茶。根据记载可知，宋代以前就有用茉莉花窨茶的记载，南宋施岳的《岁月·茉莉》词原注：“茉莉岭表所产……此花四月开，直至桂花时尚有玩芳味，古人用此花焙茶。”开花季节采摘含苞待放的大花苞用于窨茶，其茶香与茉莉花香相融合，有“窨得茉莉无上味，列作人间第一香”的美誉。华北、华南的大城市是茉莉花茶的主要市场。

茉莉花茶

产地：福建、浙江、江苏、安徽等地。
干茶：细紧匀直，绿中带黄，满披茸毛。
汤色：微黄泛绿，清澈明亮。
香气：有茉莉浓香，沁人心脾。
滋味：清香微苦，淡雅芬芳。
叶底：嫩匀柔软。

玫瑰花茶

产地：山东平阴等地。

干茶：外形饱满，花瓣完整，呈均匀的红色或紫红色。

汤色：偏淡红或土黄色。

香气：香气扑鼻。

滋味：甘甜，略有苦涩味。

叶底：慢慢褪变为橘黄色。

玫瑰花茶

玫瑰花茶是用玫瑰花或香水月季、蔷薇花窨制的花茶。明代钱椿年的《茶谱》述及：“木樨、茉莉、玫瑰、蔷薇……皆可作茶。”玫瑰花除窨花茶外，还可用来窨制红茶、绿茶。

桂花茶

桂花茶是用桂花窨制的花茶。窨制用的桂花有金桂、银桂、丹桂、四季桂四种。金桂和银桂属于香味浓郁型，而丹桂和四季桂则相对清淡。桂花茶的产地位于广西、四川等地，著名的品种有桂林的“桂花烘青”、重庆的“桂花红茶”等。

桂花茶

产地：广西桂林、湖北咸宁、四川成都、重庆等地。
干茶：条索紧细匀整，色泽墨绿。
汤色：金黄透亮。
香气：馥郁持久，高雅隽永。
滋味：醇香适口。
叶底：嫩黄明亮。

黄山贡菊

产地：安徽黄山。

干茶：色白蒂绿，花形完整，花朵大小均匀。

汤色：浅黄，清澈透亮。

香气：浓郁芬芳，有菊花香。

滋味：甘醇微苦，绵软爽口。

叶底：花朵嫩黄，晶莹剔透，色泽均匀。

黄山贡菊

黄山贡菊也称“贡菊”“徽州贡菊”“徽菊”，之所以称为贡菊，是因为它在古代是进献给皇帝的贡品，故名“贡菊”，与杭菊、滁菊、亳菊并称中国四大名菊。黄山贡菊的产地位于安徽黄山的广大地域，主产于著名旅游胜地黄山风景区与国家级自然保护区清凉峰之间。当地的自然生态环境得天独厚，这为品质优良，集色、香、味、形于一体的黄山贡菊的出现奠定了基础。黄山贡菊既有观赏价值，又有药用功能，被誉为药用和饮用之佳品，是黄山著名特产，闻名遐迩。

相关链接

选择适合自己的茶饮

喝茶之前应先了解自己的体质，选择适合自己的茶饮。

不同产地、不同品种、不同制法的茶叶有很大差别。有的茶茶性比较猛烈，有的茶茶性比较温和。一般来说，茶叶性微寒，味苦、甘，基本上各种体质的人都能喝茶。但了解不同茶类的特性和自身的身体情况之后，就能选择出更适合自身的茶。

一般而言，绿茶只要不太浓，几乎所有人都能喝。红茶具有暖身的功效，适于怕冷、肠胃较弱的人饮用。黑茶也较柔和，对血压、血脂异常的人来说，是不错的选择。平时容易上火的人，最好不喝当年产的岩茶，可妥善存放一段时间再喝。患有肠胃部溃疡、心脏病、失眠、精神衰弱等疾病的人不宜饮茶，女性特殊时期(如生理期、哺乳期等)也要少饮或不饮茶。

绿茶

壶里乾坤大，茶中岁月长

第三章

茶具

虎丘春茗妙烘蒸，七碗何愁不上升。
青箬旧封题谷雨，紫砂新罐买宜兴。
却从梅月横三弄，细搅松风炖一灯。
合向吴侬彤管说，好将书上玉壶冰。
——明·徐渭《某伯子惠虎丘茗谢之》

第一节 茶具的类别

中国茶具发展的总体规律是由粗趋精、由大趋小、由繁趋简，是一个从古朴富丽趋向淡雅的返璞归真的过程，从茶具就可品味出时代的茗韵。

茶具是伴随“茶之为饮”出现的，从最初的古朴陶碗到现在的造型别致的茶壶，经历了数千年的变迁，每一只茶具的造型、用料、色彩和铭文，都是历史发展的见证。历代名师倾尽他们的智慧和技巧，创造了形态各异、丰富多彩的茶具艺术品，那些遗

茶具

茶具

留下来的作品都是不可多得的文物珍品。无论是宫廷的金银茶具，还是古朴典雅的紫砂茶壶；无论是历史上官窑烧制的瓷器茶杯、茶碗，还是民间艺人创造的漆器或竹编茶具，都令人叹为观止。

茶具如同其他炊具、食具一样，它的产生和发展经历了一个从无到有、从共用到专用、从粗糙到精致的历程。随着饮茶文化的发展、茶类品种的增多、饮茶方法的改进，茶具也在不断地发生变化，制作技术也在不断完善。

我国茶具种类繁多，材质各异，工艺复杂，花色丰富，从诞生到现在不断发生着变化。我国茶具最早是陶质的，瓷器茶具诞生以后就逐渐代替了陶质茶具，占据了主导地位。瓷器茶具按材质的不同又可分为白瓷茶具、青瓷茶具和黑瓷茶具等。

瓷器茶具

从功能来看，起初，茶具的功能仅仅是盛装茶水，供人们饮用，因而茶具大都简朴粗陋。后来，茶具的功能发生了变化，除了实用功能，还衍生出审美的功能。因此，我们可以看到我国现在的茶具种类繁多、造型优美，除了实用价值以外，还具有很高的观赏价值，深受历代饮茶爱好者青睐。下面介绍主要的茶具种类。

陶土茶具

陶土器具诞生于新石器时代。最初是粗糙的土陶，然后逐步改进，出现了比较坚实的硬陶，后来又在陶器表面敷釉，制成釉陶。宜兴在古代制陶的工艺颇为发达，在商周时期就出现了几何印纹硬陶，秦汉时期已有釉陶的烧制。

陶器中最受推崇的是宜兴紫砂茶具。紫砂茶具兴起于北宋初期，明代时迅速风靡，成为独树一帜的优秀茶具。紫砂壶和一般的陶器不同，是采用当地的紫泥、红泥、团山泥抟制焙烧而成，其里外都不敷釉。紫砂茶具造型美观，又不夺茶的真香，深受世人喜爱。

紫砂茶具

紫砂壶的泥料

宜兴紫砂器是用天然泥料雕塑成型后，经过高温烧成的一种陶器。紫砂壶泥雅称“富贵土”，俗称“天青泥”“红棕泥”“底槽清泥”“大红泥”，为制作紫砂壶（器）的主要原料，深藏于黄龙山岩层下数百米，在“甲泥”矿层之间。在宜兴，只能在丁蜀地区的陶土矿中找到紫砂泥。

紫砂茶具

1. 紫泥

宜兴泥料中最常见的是紫泥，这里出产的紫泥与众不同，深受古今制壶名家喜爱。正因如此，宜兴壶以“紫砂”壶最为正宗，紫砂壶成了宜兴茶壶的统称。

紫泥莲子对壶

绿泥紫砂壶

2. 本山绿泥

市场上除了紫泥壶，还常见一种黄色宜兴壶，这有可能是本山绿泥壶。“本山”指此地原矿，以区别于其他山脉的矿料，“绿泥”则是指在泥料矿石刚刚开采出来时所呈现的青绿色泽。大多本山绿泥壶的黄色比段泥的稍浅，黄中泛隐隐青色。

3. 段泥

一般紫泥、红泥在泥矿层中，不论厚薄，都是一层一层的，如同“千层饼”一样，且在同一泥层中不会有间断。但段泥不是这样的，段泥在同一泥层中，往往也会间隔其他泥料或者矿石，被隔成一段一段的，这也是其名称的来历。用段泥烧制的宜兴壶也是黄色的，但比本山绿泥壶的黄色稍稍深一点、暖一点。

段泥紫砂壶

红泥西施壶

4. 红泥

红泥俗称“朱泥”，色泽亮丽，近几年很受人们喜爱。红泥主要产于川埠境内的西山和赵庄，矿形琐碎，须经手工挑选。因其含铁量多寡不等，烧成之后的红色也深浅不一。因为产量少，除早期销往南洋的水平小壶用朱泥制作胎身外，一般只用于紫砂泥坯上的装饰。后来，有制壶艺人为求得更精细的泥料，将朱泥进行洗泥、沉淀，得到了质地细如滑脂的泥料，这就是朱泥胎土。朱泥的土质成分最大的特色是含有极高的氧化铁，为14%～18%，这是朱泥烧成后壶身之所以呈现红色的主要原因。朱泥的泥性甚娇，成型工艺难度亦大，一般成品率仅七成，故朱泥不宜制作大件，只能制作中小件。很多人偏爱使用朱泥烧制的小品壶沏泡乌龙茶。

5. 墨绿泥

民国初年，有个宜兴壶艺人学习景德镇的制瓷技术，尝试将氧化钴加入段泥中，进行拼配调整，反复试验，创造出一种新的泥色，本地人称之为“墨绿泥”。

墨绿泥紫砂壶

6. 黑泥

在泥料中加入氧化锰，则可以烧制出黑色的宜兴壶，被称为“高黑泥”。

黑泥紫砂壶

紫砂壶的优点

宜兴紫砂壶之所以备受推崇，除因其具有很高的观赏价值以外，还因为其在泡茶过程中具有诸多优点。

第一，由于成陶火温高，烧结密致，胎质细腻，既不渗漏，又有肉眼看不见的气孔，用紫砂壶泡茶，不易失原味，且香不涣散，得茶之真香真味。而且使用久了，还能吸附茶汁，蕴蓄茶味，以至空壶注入沸水，也会茶香氤氲，这是紫砂壶独具的品质。

第二，紫砂壶透气性能好，用其泡茶不易变味，暑天过夜的茶不易酸馊。久置不用也不会有异味，只要用时先储满沸水，立刻倾出，再浸入冷水进行冲洗，元气即可恢复，泡茶仍可得原味。

紫砂茶壶

紫砂壶

第三，紫砂壶具有冷热急变的性能，寒冬腊月，壶内注入沸水，绝对不会因温度突变而胀裂。同时砂质传热缓慢，泡茶后握持不会烫手。甚至可以将其置于文火上烹烧加温。

第四，紫砂茶具使用越久，器具自身色泽会因抚摸擦拭变得越发光亮照人，气韵温雅。

独特的成型工艺

现今紫砂茶壶有五种方法成型，分别是全手工成型，手工与部分模具（包括注浆、挡坯、印坯）相结合成型，全部石膏模成型，注浆成型，用辘轳车拉坯、车刀车坯成型。比较这五种成型方法，我们虽不能仅凭是否手工加工来断定茶壶水平的高低，但现在的实际情况是用全手工技艺制作的茶壶已经越来越少，所以全手工壶属高档品。

段泥紫砂壶

紫砂壶

宜兴紫砂壶造型万千，其造型是采用全手工的拍打镶接技法制作的，这种陶器成型工艺是我国独有，与其他国家和地区都不相同。这是宜兴历代艺人根据紫砂泥料特殊分子结构和各式产品造型要求所创造的。清末时期出现了模制或轱辘成型的工艺。用这些工艺可以随意制作紫砂壶的腰圆、四方、六面、侧角、高矮曲直等，同时还为造型的平面变化提供了条件，使得紫砂茶具具有结构严谨、口盖严实、线条清晰等工艺特点。其中，最能显示出紫砂茶具工艺技术水平的部分是壶盖。圆形壶盖要求能通转而不滞，准合无间隙摇晃，这样倒茶的时候不用担心壶盖会掉落。六方壶盖，要求无论从任何角度盖上，均能严丝合缝。要做到这些，制作者必须掌握高难度的成型技法。

紫砂壶的类型

从造型艺术来看，紫砂壶以方和圆这样简单的几何体为基础创造出了变化无穷的器形，这变化又不是天马行空的，而是始终恪守中国古典美学“和而不同，违而不犯”的法则。方壶壶体光洁整齐，块面挺括，线条利落。圆壶满足了圆、稳、匀、正的特点，又富于变化，神形兼备。紫砂壶的造型非常丰富，有的圆润敦厚，有的纤巧秀丽，有的古拙大方，有的简洁洒脱，有的朴素典雅，有的妙趣天成，有的灵动妩媚，有的甚至表现出古代青铜器的狞厉美。《茗壶图录》中对紫砂壶的形态美做了充满人格化的描述：“温润如君子者有之，豪迈如丈夫者有之，风流如词客，丽娴如佳人，葆光如隐士，潇洒如少年，短小如侏儒，朴讷如仁人，飘逸如仙子，廉洁如高士，脱尘如衲子者有之。赏鉴好事家，深爱笃好。”

按照造型，紫砂壶可分为三类。

紫砂壶

紫砂掇球壶

1. 光货

光货又称为几何体造型，是指壶身为几何体、表面光素、块面挺括、线条利落的紫砂壶，它是根据球形、筒形、立方体、长方体及其他几何形状变化而成的。光货注重外轮廓线的组合，并用各种线条作为装饰。光货又可细分为圆器与方器两种。圆器造型讲究均匀、圆正，又富于变化，“掇球壶”“汉扁壶”是其典型造型；方器造型要求轮廓线条分明，“僧帽壶”是其典型造型。

花货

2. 花货

花货又称“塑器”，是紫砂艺人根据自然界的自然形态用浮雕、半浮雕等方式设计出的具有仿生形象的茶壶。“花货”是用提炼取舍等艺术手法，去表现自然界中最富有美学价值的事物，并使之符合壶的实用功能和审美原则。

花货属于仿生器形，又可分为三类：第一类是仿植物形态，如梅段壶、松段壶、竹段壶等；第二类是仿瓜果形态，如南瓜壶、

紫砂南瓜壶

佛手壶、藕形壶；第三类是仿动物形态，如鱼化龙壶，业内人士还把以动物之形为壶嘴、壶把的，以及装饰浮雕做得很显眼的紫砂壶都划归花货。顶级花货，应自然、和谐，其中供春的“树樱壶”、陈鸣远的“南瓜壶”及国家级工艺美术大师蒋蓉的作品都是花货中的瑰宝。

3. 筋囊器

将自然界中的瓜棱、花瓣、云水纹等形体分成若干等份，把生动流畅的筋纹纳入精确严格的设计，制作的壶称为“筋囊器”。筋囊器是紫砂壶中线条比较多的一种，因此特别讲究线条的流畅，并做到器表和器内一样，口部和壶盖的“筋囊”要上下对应、合缝严密。时大彬的“玉兰花六瓣壶”及当代紫砂壶大师王寅春的“梅花周盘壶”等均是筋囊器中的佼佼者。

紫砂筋囊器

紫砂壶

紫砂壶的养护

新壶经过开壶程序后，就可以正式使用了，使用的过程就算开始“养壶”的过程了。一把经过精心养护的紫砂壶，应该呈现自然内敛的光泽，如同谦谦君子，端庄稳重。下面我们讲解一下养壶须知。

1. 用完后的紫砂壶必须保持壶内干爽，不要潮湿。

2. 存放紫砂壶的地方空气要流通，不可包裹或密封。

3. 勿放在多油烟或多尘埃的地方，保证紫砂壶的结构通透。

4. 用完后最好把壶盖侧放，留一点空隙。

5. 最好多备几个好的紫砂壶，喝某一种茶叶时只用指定的一个壶，最好不要用同一个茶壶冲泡所有种类的茶叶。

紫砂壶

6. 切勿用洗洁精或任何化学制剂浸洗紫砂壶，否则会把茶味洗掉，并使外表失去光泽。

7. 常用棉布擦拭壶身，不要将茶汤留在壶面，否则时间长了壶面上会堆满茶垢，影响紫砂壶的品相。

8. 紫砂壶泡一段时间后应令其“休息”一段时间，一般要晾干 3 ~ 5 天，让整个壶身（中间有气孔结构）彻底干燥。

紫砂壶

相关链接

紫砂壶的选购

>> 总体原则

1. 造型美观

茶壶的造型及外观方面，只要依个人喜好、个人感受选择便可。

2. 品相端正

壶身端正，圆是正圆，方是正方，不歪不斜。

3. 容量得当

紫砂壶“宜小不宜大，宜浅不宜深”。

4. 精密

壶的精密度是指壶盖与壶身的紧密程度，密合度愈高愈好，否则茗香散漫。

5. “三山齐”

“三山齐”即壶柄、壶钮、壶嘴三点在一条直线上，这是选壶最重要的标准。

紫砂壶

>> 具体方法

1. 手摸壶身

紫砂茶具看起来是粗糙的，但摸上去却很光润。如果遇到那种看上去细腻，但摸起来感到粗糙的紫砂壶，最好不要购买，泥料可能不是出自宜兴本地。

2. 沸水浇淋

用沸水往壶身上一浇，水珠迅速滑落、荡然无存的，除非是没用过的新壶有这种情况，除此之外，一般可断定此壶不是好泥料制作的。注满开水后再用沸水浇淋壶外壁，由于壶内温度高，壶外壁有的地方迅速干燥，可以看见水痕像退潮一样收缩，这是好泥料新壶的正常状况。

3. 耳听水声

将滚开的水迅速倒入壶中，耳朵挨近壶口(小心耳朵不要碰到壶身，以免烫伤)，如果能听到壶中发出沙沙的吸水声，这说明壶的泥料没有问题。当然这也不是说有声响就都是高质量的，但如果一点儿声音都没有的(尤其是紫泥、黄泥壶)，那显然不是好壶。

紫砂壶

4. 鼻闻味道

迅速倒出沸水，闻一闻壶内有无刺鼻的异味，或者明显的土腥味。如果有，则不宜选购，这有可能是泥料质量差造成的，或者有化学添加，或者窑火不足。

5. 出水测试

水注满紫砂壶，用壶往外倒水，看水流是否顺畅圆润，还要看盖口处是否往外溢水。倒水时突然把壶持平，停止倒水，看看壶嘴出水处是否有“口水”下流。

出水测试

瓷器茶具

瓷器茶具

瓷器问世之后，瓷质茶具就以其独特的优势登上了茶艺舞台，而且经久不衰。瓷器是中国文明的一面旗帜，瓷器茶具搭配中国茶，传播到世界各地。瓷器茶具又可分为白瓷茶具、青瓷茶具和黑瓷茶具等。

白瓷茶具

白瓷茶具因色泽洁白，能反映出茶汤色泽，传热、保温性能适中，加之造型美观，堪称茶具中的珍品。白瓷茶具的特点是坯质致密透明，上釉、成陶火度高，无吸水性，音清而韵长等。早在元代，江西景德镇的白瓷茶具就已经远销国外。如今，白瓷茶具仍然深受世人喜爱。白瓷茶具适合冲泡各类茶叶。加之白瓷茶具造型精巧，装饰典雅，其外壁多绘有山川河流、四季花草、飞禽走兽、人物故事或缀以名人书法，令人赏心悦目，故而使用最为普遍。

白瓷茶具

青瓷茶具

质量最上乘的青瓷茶具产自浙江。早在东汉年间，古人就能够生产出色泽纯正、光润明亮的青瓷了。晋代浙江的越窑、婺窑、瓯窑已具相当规模。宋代，作为当时五大名窑之一的浙江龙泉哥窑生产的青瓷茶具，质量非常好，远销各地。明代，青瓷茶具的质地更加细腻，其端庄的造型、晶莹的釉色、典雅的纹样，深受国内外饮茶爱好者的青睐。当代青瓷茶具又有新的发展，不断有新产品问世。青瓷茶具除具有瓷器茶具的众多优点外，还因色泽青翠，用来冲泡绿茶时，别具汤色之美。

青瓷茶具

黑瓷建盏

黑瓷茶具

自宋代开始，唐朝时流行的煎茶法逐渐衰落，取而代之的是点茶法，而宋代流行的斗茶，又为黑瓷茶具的崛起创造了条件。宋人衡量斗茶的一个标准是看茶面汤花色泽和均匀度，以“鲜白”为先，所以，宋代的黑瓷茶盏变得很流行。黑瓷茶具以建窑生产的“建盏”最为著名。建盏工艺独特，在烧制过程中可使釉面呈现兔毫条纹、鹧鸪斑点、日曜斑点，一旦茶汤入盏，能放射出五彩纷呈的点点光辉，使斗茶变得妙趣横生。

彩瓷茶具

彩瓷茶具色彩缤纷、花色丰富，其中最令人惊艳的是青花瓷茶具。青花瓷茶具其实是指以氧化钴为呈色剂，在瓷胎上直接描绘图案纹饰，再涂上一层透明釉，而后在窑内经 1300℃左右的高温还原烧制而成的器具。

青花瓷茶具

玻璃茶具

玻璃茶具

古时人们称玻璃为流璃或琉璃。我国的琉璃制作技术起步较早，但并没有用于制造茶具，直到唐代时西方琉璃器皿不断传入，才开始烧制琉璃茶具。自宋至清，虽常有琉璃器物生产，但琉璃茶具鲜少问世，主要是工艺品。现代社会，玻璃工业发达，因其质地透明、光泽夺目，且价格相对低廉，玻璃茶具开始广受欢迎。

竹木茶具

竹木茶具

隋唐以前，除皇室等上层人士使用金属或陶瓷茶具饮茶外，民间多使用竹木茶具。竹木茶具取材方便、价格便宜、制作简单。茶具表面可以雕上别有新意的花草，非常清新雅致。

漆器茶具

我国漆器制品的历史十分悠久，早在六七千年以前就已经出现。到了宋代，漆器茶具逐渐增多，还出现了茶托、渣斗等辅助茶具。但因瓷器的地位难以撼动，漆器逐渐向工艺品的方向发展。

漆器茶具

金属茶具

金属茶具最初只用来煮茶，现代多用来储存茶叶。在茶艺表演中虽会用到长嘴壶，但总体而言，金属茶具在现代茶艺中并不常用。

金属茶具

第二节　茶具的使用

尽管茶文化渗透于中国文化的各个方面，但面对琳琅满目的茶具，还有不少人有些摸不着头脑，那不同的茶具都怎么使用？功用是什么？下面我们来一一介绍。

品茗杯

随手泡

用途：烧沸泡茶的水，泡茶时盛放冲泡用水。

材质：不锈钢或玻璃材质，多为电磁炉式或电热炉式。

使用方法：

1. 先用随手泡烧沸水，再用沸水来温壶洁具，注意壶嘴不宜朝向客人。

2. 新壶在使用前，应加水煮开后浸泡一段时间，如此便可除去壶中的异味。

选购技巧：最好选购具有温控功能的随手泡，这样的随手泡在水开后会自动断电，即使无人看管也不会把水烧干。

随手泡

茶叶罐（茶仓）

用途：储存茶叶的容器。

材质：茶叶罐有纸罐、竹罐、铁罐、锡罐、陶罐、瓷罐、琉璃罐等，均要求无异味、密封性好且不透光。

使用方法：

1. 一种茶固定用一个茶罐。

2. 新买的罐子可先将少许茶末放在罐中，上下左右摇晃使之轻擦罐壁，摇晃约 20 下后倒出茶末，可去除罐内异味。

3. 茶叶罐用完后必须立刻密封放置，以防茶叶吸潮或走味。

选购技巧：不同的茶叶宜选择不同材质的茶叶罐。如普洱茶应存放在透气性能好的竹、纸、陶制成的茶叶罐中；铁观音、茉莉花茶等香味重的茶宜选用密封效果较好的锡罐、琉璃罐等容器储存。

白瓷茶叶罐

锡质茶叶罐

茶壶

茶壶

茶壶

用途：泡茶。紫砂壶还兼具收藏、把玩的功用。

材质：有紫砂壶、瓷壶、玻璃壶等。

使用方法：

1. 用茶壶往外倒茶的时候，可单手持壶，大拇指和中指捏住壶柄，向上用力提壶，食指轻轻搭在壶钮上，切忌用力按住气孔，无名指应向前抵住壶把，小指收好。若无壶把，就用右手握住壶口两侧的外壁。也可双手持壶，右手保持单手持壶的姿势，左手轻轻托住壶底助力。若是大型壶，可右手握住提梁把，左手食指、中指按住壶钮。

2. 在泡茶过程中，壶的出水嘴不要直接对着客人。

3. 使用完茶壶后要及时清洗。

选购技巧：冲泡不同茶叶宜选用不同材质的壶。在实用、便利的基础上，茶壶应以自然流畅、“气定神闲”者为佳，切忌“矫揉造作”、匠气十足。

茶盘（茶船、茶池）

用途：盛放茶壶的器具，也用于盛接溢水及淋壶茶汤，是养壶的必备器具。

材质：茶盘的质地有竹、木（盘形和根雕）、瓷、紫砂、玉石、砚石等材质，一般有单层茶盘和双层茶盘两种。

使用方法：

1. 单层茶盘，只有一层盘面，在茶盘的右下角处接有一段几厘米长的金属管（多为铜管），连接一根塑料导水管，导水管的另一端接在废茶桶里，用来排掉废水。

茶盘

茶盘

2. 双层茶盘，上层有孔、格的排水结构，下层有一箱式贮水器，泡茶过程中的废水通过孔、格漏到下面暂存。

3. 双层茶盘的容量有限，因此必须及时清理废水，以免溢出。

4. 木质、竹质的茶盘用完应用干布擦干，以免茶盘开裂，影响使用寿命。

选购技巧：

1. 根据材质选购。虽然茶盘的材质多，但最常见、最实用的还是竹质及木质，不仅经济实用，还符合环保理念。

2. 选购茶盘的四字口诀：宽、平、浅、畅。盘面要宽，满足多人的需求；盘底要平，保证茶杯稳固；盘边要浅，便于取用茶杯、茶壶等茶具；茶盘出水要畅，保证茶盘不积水。

公道杯（茶盅、茶海）

用途：盛放泡好的茶汤。

材质：瓷质、陶质、玻璃质等，其中，使用比较普遍的是玻璃材质的，这样可以清楚地看到茶汤的色泽。

使用方法：

1. 泡茶时为了保证茶壶中的茶倒到杯中口味不变，应将泡好的茶汤倒入公道杯内，再由公道杯分别倒入各品茗杯中，以保证各杯茶汤浓度相若。

2. 在冲泡绿茶时，公道杯还可以充当晾水器，故可以同时使用两个公道杯。

3. 用公道杯给品茗杯分茶时，每个品茗杯的茶水不可倒太满，七分满即可。

选购技巧：公道杯的容积大小要与茶壶或盖碗相配，通常公道杯要稍大于盖碗。

紫砂公道杯

瓷器公道杯

盖碗

玉盖碗

盖碗（三才杯、茶盏）

用途：既可泡茶后分饮，也可一人一套直接饮茶。

材质：有瓷、紫砂、玻璃材质等，以各种花色的瓷盖碗为多。

使用方法：

1. 泡茶：置 3 克茶于碗内，冲水，加盖五六分钟后饮用。以此法泡茶，通常喝上一泡已足，至多再加冲一次。

2. 品饮：端着碗托，揭开碗盖，先嗅其盖香，再闻茶香，用碗盖撩拨漂浮在茶汤中的茶叶，再饮用。

3. 盖碗分为茶碗、碗盖、托碟三部分，用盖碗品茶，杯盖、杯身、杯托三者不应分开使用，否则既不礼貌，也不美观。

选购技巧：

1. 应选择做工精细的，轮廓线条要标准，圆要是正圆。

2. 杯口的外翻弧度应大一些，外翻弧度越大越容易拿取，冲泡茶叶时也不易烫手。

闻香杯

闻香杯

用途：借以保留茶香，用来嗅闻鉴别。

材质：多为瓷器材质，也有内施白釉的陶质闻香杯。

使用方法：

1. 使用闻香杯时，将杯口朝上，双手掌心夹住闻香杯，靠近鼻孔，轻轻搓动闻香杯使之旋转，边搓动边闻香。

2. 闻香杯一般不单独使用，常与品茗杯搭配使用。

选购技巧：闻香杯是用于闻香气的，一般选择瓷质而不用紫砂的，因为如果是紫砂质地的话，香气会被吸附在紫砂里面。

品茗杯

用途：品啜茶汤。

材质：瓷器、紫砂、玻璃等质地。有大小两种，款式多种多样。

使用方法：

1. 男士在拿品茗杯时手要收拢。

2. 女士拿品茗杯可以轻翘兰花指，这样可以显得仪态优美、端庄。

选购技巧：

1. 瓷质、陶质或紫砂品茗杯宜选用杯底较浅、杯口较广、透光性较高的来使用。

2. 品赏绿茶宜用高档的玻璃品茗杯，并且要耐高温。

品茗杯

茶荷

用途：将茶叶由茶罐移至茶壶，兼具赏茶功能。

材质：瓷质、木质、竹质、石质等，多数以瓷器制成。

使用方法：

1. 用茶荷取放茶叶时，手不要碰到茶荷的缺口部位，以保证茶叶洁净卫生。

2. 手拿茶荷时，拇指和其余四指分别捏住茶荷两侧，放于虎口处；同时，另一只手中指托住茶荷底部。

选购技巧：茶荷最好选瓷质的，这样可使茶叶更具观赏性。

茶荷

茶道六用组合

用途：

1. 茶则：用来从茶叶罐中取出茶叶。

2. 茶拨：用来向茶壶或盖碗中拨导茶叶。

3. 茶夹：温杯过程中用来夹取品茗杯和闻香杯。

4. 茶针：当壶嘴被茶渣堵塞时，用茶针来疏通。

5. 茶漏：放于壶口上导茶入壶，防止茶叶散落壶外。

6. 茶筒：用来盛放上述 5 种茶具的容器。

材质：主要为木质或竹质。

使用方法：茶道六用组合是泡茶时的辅助用具，主要是针对泡茶的一些小细节，使用茶道六用组合可使整个泡茶过程更为雅观。

选购技巧：茶道六用组合最好选用木质的。

茶道六君子

茶道六君子

过滤网和滤网架

过滤网和滤网架

用途：

1. 过滤网：泡茶时放在公道杯或茶杯口，起过滤茶渣的作用，不用时则放回滤网架上。

2. 滤网架：用来承接过滤网，有时也被用来暂时放置壶盖。

材质：不锈钢、瓷质、陶质、竹质、木质、葫芦瓢质等。

使用方法：

1. 将过滤网放在公道杯的杯口时，注意过滤网的柄要与公道杯的杯耳平行。

2. 过滤网和滤网架用完后要及时清洗、擦干。

选购技巧：

1. 过滤网和滤网架经常沾水，宜用不锈钢等材质。

2. 滤网架的款式品种繁多，有动物、人手等形状，除具有使用价值外，还有装饰效果。如果想节约成本，不买滤网架也可以，可将过滤网放在小盘或盖子上。

过滤网和滤网架

盖托

盖置（盖托）

用途：泡茶过程中专门用来放置壶盖的茶具。

材质：盖置材质丰富，有紫砂、瓷质、木质等。

使用方法：

1. 盖置可防止壶盖直接与茶桌接触，洁净卫生。

2. 使用盖置会使泡茶更讲究，用后应立即洗净。

选购技巧：现在的盖置款式多种多样，有高一点的木桩形盖置，也有瓷质或紫砂质的小莲花台盖置，还有小盘、鼓墩形等。大家可以根据自己的喜好，购买自己喜欢的款式。

壶承

壶承（壶托）

用途：放置茶壶的器具，相当于缩小的茶盘，有单层和双层两种，多数为圆形或增加一些装饰变化的网形。

材质：壶承有紫砂、陶、瓷等材质。

使用方法：

1.壶承可以承接壶里溢出的废水，保持桌面清洁，一般是三两人小聚饮茶时使用。

2.将紫砂壶放在壶承上时，最好在壶承的上面放个布垫，这样可减少两者间的磨损。

选购技巧：壶承是养壶必备器具，如今壶承的花样层出不穷，一般宜选用与茶壶材质相同的壶承配套使用。

壶承

杯垫（杯托）

用途：承放茶杯的小托盘，既能防止杯子滑落，又能增加视觉上的美感，还能防止桌面被烫坏。

材质：木质、竹质、塑料质地等。

使用方法：

1. 使用后的杯垫要及时清洗，如果是竹、木等质地，则应通风晾干。

2. 使用杯垫给客人奉茶，既显得卫生，又显得优雅。

选购技巧：

1. 杯垫与品茗杯搭配应和谐、适宜。

2. 杯垫一般与茶道组合一起成套制作，成套购买即可，不用单独购买。

杯垫

养壶笔

养壶笔

用途：形似毛笔，用来刷洗紫砂壶的外壁，也可以用来清理茶盘上的茶渣。

材质：笔头用动物毛制成，笔杆一般为牛角、木、竹等材质。

使用方法：

1. 用养壶笔蘸取茶汤均匀地涂在壶的外壁，使壶的每个部分都能被茶汤浸润，久而久之，壶的外壁就会被养得油润、光亮。

2. 养壶笔用完要及时清洗，把笔头控干。

3. 有的人也用养壶笔养护茶桌中的茶宠。

选购技巧：质量上乘的养壶笔应是没有异味，笔头的毛不易脱落的。

养壶笔

茶巾

用途：主要用于干壶，可将茶壶、茶海底部残留的水擦干，还用于抹净桌面的水滴。

材质：多用纯棉或麻布质地。

使用方法：

1. 茶巾只能擦拭茶具外部，不能用来擦拭茶具内部。

2. 茶巾使用时要一手拿着茶具，另一手的拇指在上，其余四指在下托起茶巾，接着用茶巾轻轻地擦拭茶具上的水渍、茶渍等。

3. 茶艺员或主人在泡茶过程中，将双手轻轻搭在茶巾上，是泡茶的基本礼仪之一。

茶巾

选购技巧：购买时一定要选择吸水性好的棉、麻布茶巾。

水盂

用途：用于盛接弃置的茶水。

材质：瓷质、木质、陶质等。

使用方法：由于水盂的容积通常比较小，所以倒水时动作要轻缓，以免废水溢、溅到茶桌上，并要及时清理废水。

选购技巧：在没有茶盘、废水桶时，使用水盂来盛接废水和茶渣，非常简单方便。当然，有茶盘或废水桶的朋友可以不用再购买水盂。

水盂

茶宠

茶宠

茶宠

用途：用来装点、美化茶盘，深受茶具爱好者青睐。

材质：紫砂材质最为常见。

使用方法：

1. “滋养茶宠，其乐无穷。”在泡茶、品茶时，用茶汤浇灌、滋养茶宠，可给品茗增添情趣。

2. 紫砂茶宠可以用清水、温水直接清洗，也可以用养壶笔进行辅助清洗。

3. 茶宠要养，也要及时清理，不要让它身着茶垢。

选购技巧：

1. 茶宠造型丰富，可根据个人喜好自由选择。

2. 茶宠的选择，要与茶桌、茶具、环境等相匹配。

3. 紫砂质地的茶宠最受欢迎，因为紫砂茶具越养越润泽。

相关链接

古代茶具

早在唐代，饮茶者就已经在泡茶过程中使用多种茶具了。在《茶经》中，陆羽提到了二十五种饮茶用具，分别是风炉（灰承）、筥、炭挝、火筴、鍑、交床、夹、纸囊、碾（拂末）、罗合、则、水方、漉水囊、瓢、竹夹、鹾簋（揭）、熟盂、碗、畚、札、涤方、滓方、巾、具列、都篮。

到了宋朝时期，点茶法流行起来，相对应的，茶的煮饮器具也发生了变化，由唐代的二十五种缩减为十二种，包括韦鸿胪、木待制、金法曹、石转运、胡员外、罗枢密、宗从事、漆雕秘阁、陶宝文、汤提点、竺副帅、司职方。下面我们介绍几种具有代表性的古代茶具。

老瓷器茶具

茶铛

玉书碨，也叫玉书茶碨，是一种煮水的茶具，是工夫茶中“烹茶四宝”之一。关于“玉书”这个名称的由来有两种解释：一种说这是水壶制作者的名字；一种说是水从壶里流出来就像是玉液输出，应写成“玉输”，但因为“输”字不吉利，因而取谐音“玉书”。

茶铛，用来煎茶的一种锅，宋代大诗人陆游诗中曾提到：“香碗灰深微炷火，茶铛声细缓煎汤。”

水方，储存煎茶用水的器皿，一般为长方形，用模板拼接，以油漆涂封。

拂末，用来清洁茶具的辅助工具，可扫拂碨中的细茶末，也用于收集茶碨或茶合上的茶末，一般用羽毛制成。

茶则

罗合，也叫“罗枢密”，是用来筛茶的，分为罗、合两部分，罗的筛面是纱或绢质，合多是竹质。先把饼茶碾碎，用罗筛过，筛下来的茶末放在合中备用。

茶碾，即“金法曹”，是古代用来将茶碾碎的工具，由碾槽和碾轮两部分组成，常见材质为木质、金银质、铁质、陶质、石质等。

漉水囊，用来滤水的器具。骨架多为铜质，也有竹质的，囊用轻篾丝编织而成，外层有绿油布制成的袋子。

瓢，又叫“胡员外”，是古代用于取水或分茶水的用具。一般用剖开的葫芦制成，或者用木头或竹子雕刻而成。散茶出现以后，瓢也变为量水、取水的工具。

则，也叫“撩云”，古代量取茶叶的工具，一般用贝壳、兽角、铜、铁或竹、木制成。

第三节　茶具的选择

一般来说，现在通用的各类茶具中泡茶效果最好的是瓷器茶具、陶器茶具，其次是玻璃茶具，再次是搪瓷茶具。瓷器传热慢，不会与茶发生化学反应，用它沏茶能获得较好的色、香、味，而且造型美观、精巧雅致，具有较高的观赏价值，因此颇受欢迎。陶器茶具，则因造型雅致、色泽古朴而受世人青睐，特别是宜兴紫砂，乃陶中珍品，用来沏茶，香味醇和、保

精致的茶具

温性好，茶汤也不易变质。其他茶具，如搪瓷茶具，虽然艺术价值较低，但经久耐用、携带方便，因此在工厂、车间、工地及旅行时使用较多。而塑料茶具，因质地关系，对茶味稍有影响，除特殊情况临时使用外，一般人们不会选择用塑料杯沏茶，尤其忌用塑料保温杯冲泡高级绿茶，这种杯长期保温，使茶汤泛红，香气低闷，出现熟汤味，效果极差。

选择茶具是展示茶艺的必备技能之一，除了要注重器具本身的质地之外，还应当因茶制宜、因人制宜、因艺制宜、因境制宜，发挥自己的创造性，根据美学法则进行合理搭配。

瓷器茶具

陶器茶具

因茶制宜

首先，选择茶具时必须了解茶性、顺应茶性，使所选茶具能充分抒发茶性，即茶具要为展示茶的内在美服务。

乌龙茶香气浓郁、滋味醇厚，使用陶器茶具最为适合。冲泡时，先用开水淋器预温，再放茶叶，随即以沸水冲泡，并以沸水淋洗多次，以发散茶香。但陶器茶具是不透明的，这样就使得饮茶者无法欣赏壶中芽叶舒展的美姿。因此，对于一些名贵的绿茶，如龙井、碧螺春、君山银针等，可用玻璃茶具冲泡，这样就能充分欣赏茶叶在水中慢慢舒展开来的过程。

选择茶具，除了注重器具的质地之外，茶具的颜色也不能忽略。茶具的色泽应与茶叶相配。只有将茶具的功能、质地、色泽三者相协调，才能选配出完美的茶具。各种茶类适于选配的茶具色泽大致如下。

1. 名品绿茶

可选用玻璃茶具，应无色、无花，或用白瓷、青瓷、青花瓷无盖杯。

2. 白茶

冲泡白茶宜选用白瓷或黄泥炻器壶，也可用内壁有色黑瓷。

白瓷茶具

3. 黄茶

奶白或黄釉瓷及黄橙色壶、盖碗、盖杯适合冲泡黄茶。

4. 红茶

内挂白釉的紫砂、白瓷、红釉瓷、暖色瓷的壶、盖杯、盖碗和咖啡茶具都可以用来泡红茶。

5. 乌龙茶

紫砂壶、白瓷壶、盖碗、盖杯适合泡乌龙茶，或者灰褐系列炻器壶也可以。

6. 花茶

花茶可用青瓷、青花瓷等盖碗、盖杯、茶杯冲泡。

紫砂茶具

紫砂茶具

因人制宜

不同年纪、不同民族、不同地区、不同文化、不同阶层的人有不同的爱好。因此，在不影响茶的色、香、味、形的展示的前提下，茶具的选择和搭配不能忽略人的因素。例如同样是冲泡乌龙茶，若是广东潮汕人，宜选用“工夫茶四宝”（潮汕风炉、玉书碨、孟臣罐、若琛瓯）进行搭配组合；若是台湾的朋友，则可选用紫砂壶、公道杯、闻香杯、品茗杯等进行搭配组合；若是青年情侣，则可选用同心杯进行组合；若是炒股的茶友，则可选用一把朱砂牛壶作为茶具。

因艺制宜

不同的茶艺表现形式需用不同的茶具组合。例如，宫廷茶艺使用的茶具应名贵华丽；文士茶艺要求茶具雅致；民俗茶艺使用的茶具宜简单朴实；宗教茶艺要求茶具端庄大气；企业营销型茶艺，则要求所使用的茶具便于最直观地介绍茶叶的商品特性。总之，茶具的组合是为辅助茶艺表演的，它必须充分考虑茶艺所要表现的时代背景和思想内容。

因艺制宜

因境制宜

选择茶具还应当充分注意泡茶的场所和环境，注意环境的装修格调与基本色调，力求做到茶具美与环境美相互照应、相得益彰。

因境制宜

铭文紫砂壶

相关链接

茶具收藏

茶具收藏自古有之，既能泡茶，又能作为家居装饰，还具有一定的增值空间。在经济条件允许的情况下，许多茶友愿意收藏几件自己喜欢的茶具。茶具收藏，与字画、邮票、古钱币等收藏一样，是一种很有意义和趣味的活动，收藏者通过收藏活动可以提高自身的文化素养、鉴赏水平，获得无穷的精神享受。在具有一定欣赏水平的前提下，由少到多、由浅入深地进行茶具收藏，收藏者便可在茶文化天地的一隅增长才智、体味乐趣。

我国历代茶具品种之丰富，令世界为之惊叹。按用途分，有茶碗、茶杯、茶盅、茶盏、茶壶、茶匙等；按质地分，有瓷质、陶质、玉质、石质等。按制作工艺或窑口分则更多，仅表面薄薄

清代彩绘小茶壶

白瓷茶具

紫砂茶具

的一层釉彩就分几十种。历代茶具中都会有一些珍稀品种，如唐代邢窑的白釉玉璧形足茶碗、南宋建窑的黑釉兔毫纹茶盏、清代乾隆年间陈荫千制的宜兴紫砂竹节提梁壶等，这些现在已是国内外各大博物馆中的珍藏品。

茶具收藏以瓷器茶具收藏和紫砂茶具收藏为主。紫砂壶的收藏与投资历史悠久，在民间收藏中占有重要地位。20世纪70年代末期，紫砂壶的投资掀起热潮，其市场价格也不断上涨，但仿制品也大量出现。收藏紫砂壶时一定要提高自己的鉴赏水平，以防陷入紫砂艺术收藏的三大误区。

误区一："土"的误区。紫砂茶具不失茶的原味是因为宜兴的紫砂泥料烧制后具有双重气孔结构，吸水率高，具有透气性，这是其他陶瓷茶具所不具备的优势。现在陶艺普及，许多人误认为紫砂泥料是一般紫色土配制出来的"紫砂泥"，实际上，用这种原料制作出来的"紫砂壶"和真正的紫砂壶相去甚远。

误区二："色"的误区。宜兴紫砂泥的颜色十分丰富，多达几十种，非常奇妙。天然紫砂泥质有红泥、紫泥、本山绿泥（呈黄色）、天青泥（堪称泥中黄金，出矿时呈绿色，十分难得）和调砂泥等。现在，不少制壶者为了使紫砂茶具更具观赏性，就在原料中随意添加化学原料，最后制作出来的壶虽然美观，但泡茶时会出现异味，其价值反而不高。

误区三："老"的误区。许多人认为紫砂壶越老，价值越高，于是专门收藏旧壶、老壶。市面上有两种做旧的手段：一是将泥料的表面做旧，方法是擦鞋油，制造出人手经常摸的假象，看上去有古旧感。更有甚者，用强酸腐蚀做旧。二是将紫砂壶涂上白水泥，用水去泡，做成出土的效果。其实，衡量一把紫砂壶收藏价值高低的关键是看它的艺术价值，并非越古旧越好。

紫砂茶具

清代青花缠枝莲纹茶壶

第四章

品茶

从来高人能评水，自古高人爱斗茶

一碗喉吻润，二碗破孤闷。
三碗搜枯肠，唯有文字五千卷。
四碗发轻汗，平生不平事，尽向毛孔散。
五碗肌骨清，六碗通仙灵。
七碗吃不得也，唯觉两腋习习清风生。
——唐·卢仝《走笔谢孟谏议寄新茶》

品茶是一种享受，也是一门生活艺术。想要好好品茶，既要选择好茶叶，又要讲究正确的泡茶方法，还不能忽略品茗艺术。这样，人们既能喝到芳香可口的茶汤，又能感到赏心悦目，获得精神上的满足。所谓茶艺，就是能在社会上推广开来，具有可操作性的规范和程式。品茗艺术是经过长期的实践、积累、演变才逐渐定型成熟的，其形成是一个历史过程。

茶艺包括人、茶、水、器、艺、境六大要素，只有将六要素完美结合才可使茶艺达到尽善尽美的超凡境界。前几章中我们已经具体介绍了茶叶和茶具的基本知识，这一章我们将重点介绍其他四要素。

白瓷茶具

青花瓷茶具

第一节　水之美

水对茶来说至关重要，故而有“水为茶之母”的说法。

水之所以对茶有重要的影响，是因为水是茶的色、香、味、形的载体。饮茶时，人们用水冲泡茶叶后，经眼观、鼻嗅、口尝，享受到品茗带来的美感。如果水质欠佳，泡出来就会使茶汤浑浊、滋味苦涩，那么品茗的效果就会大打折扣。

泡茶之水

明代许次纾在《茶疏》中说：“精茗蕴香，借水而发，无水不可与论茶也。”明代张大复在《梅花草堂笔谈》中说：“茶性必发于水。八分之茶，遇十分之水，茶亦十分矣；八分之水，试十分之茶，茶只八分耳。”明代张源在《张伯渊茶录》中也说：“茶者，水之神；水者，茶之体。非真水莫显其神，非精茶曷窥其体。”

可见，佳茗配好水，方能相得益彰；反之，有了好茶，若无好水，就白白浪费了佳茗。

好水泡好茶

济南黑虎泉

水之美的标准

宋徽宗赵佶是提出评水标准的第一人，他在《大观茶论》中写道："水以清、轻、甘、洁为美。轻、甘乃水之自然，独为难得。"这位才华横溢却不擅治国的亡国之君最先把"美"与"自然"的理念引入鉴水之中，升华了茶文化的内涵。后人在他提出的鉴水标准——"清、轻、甘、洁"的基础上，又增加了"活"。因此，现代鉴水的五项指标是"清、轻、甘、洁、活"，只有满足这五项指标，水才称得上是宜茶好水。

“清”指的是水质清。具体表现为：“朗也、静也、澄水貌也。”也就是说，水透明、无杂色、无杂质、无沉淀物，只有这样的水才最能显现出茶的本色。故清澄明澈之水称为“宜茶灵水”。

“轻”指的是水体轻。明末著作《茗笈》中说：“各种水欲辨美恶，以一器更酌而称之，轻者为上。”清代乾隆皇帝对此观点非常认可，每次巡游，他都命随从带上一个银斗称一称各地名泉的水，并以水的轻重作为鉴别名泉水质优劣的标准。由于北京玉泉山的玉泉水比重最轻，故被御封为“天下第一泉”。通过科学研究，现在我们知道：水的比重越大，说明其中溶解

清澈之水

北京玉泉山的玉泉水

的矿物质越多。因此，水体轻即为好水的理论是正确的。如果水的矿物质含量超标，那么，它对茶汤的味道、色泽就会产生不良影响。实验表明，当铁超标时，泡出的茶汤色泽发暗，甚至呈黑褐色；当铝超标时，茶汤的苦味增加；当锰、铬、钙等超标时，茶汤的苦涩味明显；当镁超标时，茶汤的味道变淡；当锌超标时，茶汤的苦味更重，令人难以下咽；而当铅、汞、砷等超标时，茶汤的品质不仅会受到影响，人体健康也会受到威胁。鉴于此，我们提倡在茶事活动中选用信誉可靠的企业生产的罐装饮用水。

水之甘

“甘”指的是水味甘。田艺蘅在《煮泉小品》中写道:“甘，美也;香，芳也。”“泉惟甘香，故亦能养人。”所谓水甘，就是说，水一入口，舌头就能体会到甘甜的滋味，咽下去后，喉中也有甜爽的回味。用这样的水泡出的茶的滋味自然美妙无穷。

“洁”指的是水质干净。干净的水受污染少，所以用它泡出的茶汤的滋味更纯正。

水之洁

活水

“活”指的是水源活。“流水不腐，户枢不蠹。”现代科学证明，流动的活水中的细菌含量很少，同时活水有自然净化作用，而且在活水中，氧气和二氧化碳等气体的含量较高，故而泡出的茶汤特别鲜爽可口。

相关链接

天下第一泉

纵观中国名泉，有很多被冠以“天下第一泉”的称号，如山东济南的趵突泉、北京颐和园的玉泉水和镇江的中泠泉等。但是，古往今来，比较公认的，还是镇江的中泠泉。清代薛福成撰写的《中泠泉真迹》中记载：“中泠泉在金山下，金山本在江南岸，故过客皆得汲水烹茶，所由品为第一泉也。”

趵突泉

中泠泉

“中泠泉”又名“南泠泉”，是长江中独一无二的泉眼，宛如一条戏水白龙，自池底汹涌而出。据记载，江水自西向东流，受到石牌山和鹘山的阻挡，水势曲折转流，分为三泠（三泠为南泠、中泠、北泠），而泉眼在中间一个水曲之下，故名“中泠泉”。因其位置在金山的西南面，故又被称为“南泠泉”。长江水流湍急，汲取不易，相传，打泉水需在正午之时将带盖的铜瓶子用绳子放入泉中后，迅速拉开盖子，才能汲到真正的泉水。南宋爱国诗人陆游曾到过此地，写诗描绘过取水的情景：“铜瓶愁汲中濡水，不见茶山九十翁。”

中泠泉的泉水甘洌醇厚，煎茶之后滋味鲜爽甘甜。唐朝陆羽在品评天下泉水时，把中泠泉排在了第七位，后来的唐朝名士刘伯刍在品尝了全国各地沏茶用的水后，将水分为七等，其中中泠泉依其水味和煮茶味佳而位列第一等，因此被誉为“天下第一泉”。中泠泉水绿如翡翠，浓似琼浆，盈杯不溢。南宋名将文天祥畅饮后，曾写诗赞颂曰：“扬子江心第一泉，南金来此铸文渊。男儿斩却楼兰首，闲品《茶经》拜羽仙。”

煮水泡茶

煮水，又名烹泉，并不是简单地把水烧开，“烹”意指用功；“泉”意在水好。煮水品茶，既有历史渊源，又有现实意义。茶圣陆羽最先提出品茶论水，他在《茶经·五之煮》中提出了“三沸说”：“其沸如鱼目，微有声为一沸；缘边如涌泉连珠为二沸；腾波鼓浪为三沸。已上水老，不可食也。”陆羽把水开的过程分为三个阶段，即“三沸”。陆羽的“三水论”和“三沸论”促进了唐代茶艺的发展，更为宋、明、清不断加深对品茶鉴水的认识，实现品茶寻韵，提升艺术意境，丰富其文化内涵起到重要作用，直到今天，仍具有借鉴作用。

煮水要适度。陆羽的“三沸说”认为：“一沸”水还偏嫩；“三沸”水又过老了，故而“二沸”的水最为适宜。由此可见，品茶论水，不仅要水质好，还要煮得好，这样茶的真性才能在水中得到全面发挥，收到最好的效果。

煮水泡茶

煮水泡茶

古人认为："茶之妙，在乎始造之精，藏之得法，泡之得宜。"可见，我国古代人民已经认识到煮水对泡茶的重要性。煮水泡茶技术，主要是根据不同的茶类、加工方法、茶的特性来掌握茶的用量、开水的温度、冲泡的时间。因此，下面我们将详细介绍，在泡茶过程中如何掌握茶叶用量、开水温度、冲泡时间。

茶叶用量

茶类、加工方法和茶叶等级不同，茶叶用量也有所区别。通常来说，细嫩的茶叶用量稍多一点，老的茶叶用量稍少一点；加工时揉捻轻的茶叶可增加一些用量，揉捻重的茶叶可减少一些用量。

普通的绿茶、红茶、花茶，1 克茶叶用 60 毫升 ~ 70 毫升开水冲泡为宜。容量 250 毫升左右的茶壶，需投放 3 克 ~ 4 克茶叶。乌龙茶宜浓饮，因此，冲泡乌龙茶时要多放一些茶叶，通常以干茶体积在茶壶中所占的比例来衡量，400 毫升以下的中小型茶壶的茶叶用量约为茶壶体积的一半或 2/3，一般是 1 克乌龙茶冲 20 毫升 ~ 30 毫升开水。普洱茶也宜浓饮，泡茶用量也要比普通红茶、绿茶多一些。

干茶

茶叶用量

细嫩的茶叶，品种丰富，鲜叶的采摘标准和加工方法各异，品质特性自然也有很大不同。一般来讲，揉捻特别重的茶叶用量应少一点，如南京雨花茶、碧螺春等，1 克茶叶以冲 70 毫升 ~ 80 毫升开水为宜。揉捻特别轻甚至不揉捻的茶叶用量应多一点，如开化龙顶、白毫银针等，1 克茶叶以冲 40 毫升 ~ 50 毫升开水为宜。

茶叶要适量

开水的温度

泡茶的时候，通常是现沸现泡，一般是用 100℃的开水，即揭开烧开的水壶盖，初见鱼眼大小的水泡的水冲泡。但是冲泡高级绿茶和细嫩的名茶时不可用温度过高的水，如洞庭碧螺春、西湖龙井、南京雨花茶、蒙顶甘露等，最好用 80℃ ~ 90℃的水。如温度太高，会使茶叶泡熟变色，香味剧减，还会破坏茶叶中对人体有益的营养成分，如维生素 C 等。但也不可温度过低，否则有效成分浸出速度慢，等候时间太长。白茶加工时为保毫提香以文火干燥，因此，冲泡白茶的开水只需要 70℃左右。采摘于成熟新梢的乌龙茶，宜用 95℃以上的开水冲泡。

水温要适宜

冲泡的时间

因茶叶种类、茶叶形态和泡茶器具不同，冲泡的时间也应有所差异。据相关测定可知，茶叶经沸水冲泡后，首先从茶叶中浸泡出的是维生素、氨基酸、咖啡因等，一般泡 3 分钟左右，上述物质就能大部分释放在茶汤中了。这些物质可以使茶汤变得鲜爽醇和，但不足之处是缺乏茶汤应有的刺激味。之后随着冲泡时间的增加，茶叶中茶多酚类物质陆续被浸出来，当浸泡 5 分钟时，茶汤中茶多酚的含量会变得很高，这时的茶汤喝起来鲜爽味减弱，变得苦涩。因此，要使茶汤有醇厚、鲜爽之感，对一般的大众绿茶、红茶来说，冲泡 3 分钟～ 4 分钟口感最佳。

乌龙茶适合用小茶壶冲泡，多放茶叶，少放水，冲泡时

冲泡时间要适宜

茶艺

间宜短。乌龙茶通常第一泡泡45秒至1分钟，第二泡泡1.5分钟，第三泡泡2分钟左右。冲泡白茶时，一般4分钟~5分钟后，浮在水面上的茶叶才开始徐徐下沉，10分钟后才能饮用到效果最佳的茶汤。细嫩名茶，特别是揉捻重的细嫩名茶，如无锡毫茶、南京雨花茶等，茶汁浸出速度快，冲泡时间不宜过长，一般泡2分钟~3分钟就可以了。做形用力小的茶叶，如江山绿牡丹、开化龙顶等，冲泡时间要适当延长，否则茶味冲泡不出来。

第二节　境之美

“境”属于中国古典美学范畴，历来受到文学家、艺术家的高度推崇。在中国传统文化中，人们普遍认为，喝酒最重要的是气氛，一定要热闹才好；品茶最重要的是文化，必须具备美好的意境。品茶是诗意的生活方式，意境至关重要。茶艺特别强调造境，要求做到环境美、艺境美、人境美、心境美。四境俱美，才能达到中国茶艺至美至乐的境界。

境之美

品茶环境

环境美

茶艺中所谓环境，即品茗场所，它包括外部环境和内部环境两部分。不同的茶艺环境布置会产生不同的意境和效果。

若品茶场地宽阔、装饰华丽、茶具名贵，会给人以豪华气派之感，可用于大型商务宴请活动。

若品茶环境为书斋或园林，场地清幽、装饰古朴、茶具雅致，则给人轻松和愉悦之感，适合家庭待客或文友相聚。

环境美

若品茶场地的装饰较具地方色彩、不拘品饮形式，就是民族茶饮风俗的体现，多在表演性质的活动中使用。

讲究礼仪程序，气氛庄严肃穆，以竹林、松林、草地等自然元素为背景的环境布置，突出一种“天人合一”的禅道气氛，适合在佛道茶会上使用。

相关链接

茶艺插花

茶艺插花，顾名思义就是配合茶趣所插的花。茶艺插花形成于明代，是一种文人小品插花形式。

明代的花艺专著《瓶史》中提到："插花不可太繁，亦不可太瘦，多不过两三种，高低疏密要如画境布置方妙。"插花如此，茶艺插花更应遵守这个准则，不求繁多，不要画蛇添足，只插一两枝，起到画龙点睛的作用即可。茶艺插花追求的是自然化的线条和构图美，以达到朴素大方、清雅绝俗的艺术效果。

茶艺插花

瓶式插花

插花按插花器皿及组合方式分为瓶式插花、盆式插花、盆景式插花、盆艺插花、筒式插花、小品式插花，另外还有特殊的插花形式，如花篮式插花、悬吊式插花等。茶室多选用瓶式插花和悬吊式插花。

1. 瓶式插花。不宜选择颜色艳丽的花枝，以素雅为宜，以显示出茶室优雅、轻松、悠闲、清净的格调。

2. 悬吊式插花。将花器挂在墙壁上，供人们仰望观赏或侧方平视观赏。因此，悬吊式插花一般均要求主枝横斜，或枝蔓垂挂；形体和重量应轻巧精致。花器可采用专门的陶瓷悬吊容器，也可自制。花卉品种最好是洋常春藤、吊竹草、天门冬、吊兰等藤蔓或枝叶下垂的品种。

悬吊式插花

艺境美

俗话说：“茶通六艺。”品茗时，六艺可以为品茗增添情趣。六艺泛指琴、棋、书、画、诗、曲和金石古玩的收藏与鉴赏等，以六艺助茶时，音乐和字画是最常见的形式。

人们在品茶过程中喜欢用音乐来营造艺境，这是因为音乐，特别是我国古典名曲重情味、重自娱，能给人带来无与伦比的艺术享受，能促进人的自然精神的再发现，以及人文精神的再创造。在茶艺活动中最适于演奏或播放以下三类音乐。

古琴可为茶道助兴

第一类是我国古典名曲。如反映月下美景的《春江花月夜》《霓裳曲》《彩云追月》等；反映山水之音的《高山流水》《潇湘水云》《幽谷清风》等。

第二类是近代作曲家专门为品茶而谱写的乐曲，或为茶艺馆选编的茶乐。如《闲情听茶》《清香满山月》《听壶》等。

第三类是精心录制的大自然之声。如小溪流水、风吹竹林、雨打芭蕉等。

雨打芭蕉

人境美

人境美

所谓人境，即指品茗人数及品茗者的素质所构成的人文环境。明代朱权在《茶谱》一书中认为品饮者应该是“鸾俦鹤侣，骚人羽客，皆能志绝尘境、栖神物外”者。至于品茗人数，明代张源在《茶录》中写道：“饮茶以客少为贵，客众则喧，喧则雅趣乏矣。”其实，在现代茶事活动中，对品茗人数没有严格限定，但忌人杂。不同的品茗人数，可以获得不同的品茗体验。独饮得神，对饮得趣，众饮得慧。无论人多人少，都可以营造出一个良好的人境来。

心境美

茶“性洁不可污，为饮涤尘烦”。饮茶的妙趣除了在于感受茶独有的色、香、味、形，更在于品饮时能使人的心灵归于平静，从而以“静”养心。

这里的“静”不仅是指品茶的环境要清净幽雅，更是指品茶人内心的清净。在品茶中首先要保持环境的清净。在茶道中“外露地”是指静美如画的外部环境，“内露地”是指茶室的内部环境。只有外部环境与内部环境和谐融洽才能使人心静神清，才能做到“天地之鉴，万物之镜”，才能在品茶过程中领悟人生，陶冶性情，净化心灵。

清幽的环境

道家的“虚静观复法”在中国茶道中演化为“茶宜静品”的理论实践。赵佶在《大观茶论》中写道：“茶之为物……冲淡闲洁，韵高致静。”由此可知，品茶需要净心，禅茶首先要“静”，然后再进入“净”。这就是说，在一个安静的氛围中品茶，然后慢慢营造一个空灵恬静的心境，令品茶人的灵魂与大自然合二为一。

而佛教讲究“禅定”，禅是静虑之意，定是指心专注，不散乱。坐禅要半跏趺而坐，头背挺直，不动不摇，不偏不倚，且“过午不食”。茶叶清香爽口，具有醒脑提神的作用，特别有利于佛教修炼禅定。所以佛家向来推崇茶叶，历来倡导饮茶，以期止息杂虑，安静沉思，静心自悟。

所以，闲时静静品茶，是聆听自我心声的好方法，而只有用心品茶的人，才能品出茶的真谛和情趣。

第三节　人之美

茶由人制、境由人创、水由人择、器由人选、艺由人演。人是茶艺最根本的要素，包括形体美、服饰美、发型美、仪态美、语言美、心灵美等方面。

仪容之美

仪容，一般说的是人的外观、外貌，其中最重要的是人的容貌。中国茶者的气质之一在于面容干净素雅，茶道研习者应适当修饰仪表。如果是女性，为了表示对客人的尊重，可以化淡妆，但要以恬静素雅为基准，切忌浓妆艳抹，内在美才是茶艺提倡的；如果是男性，在泡茶之前要将面部修饰干净，不留胡须，以整洁的姿态面对客人。

仪容之美

仪表之美

仪表之美

仪表包括人的形体、容貌、服饰、修饰（化妆、装饰品）、发型、卫生习惯等内容。一个人的仪表与他的生活情调、文化素质、道德品质等内在修养是分不开的。

服饰

茶的本性是恬淡平和，因此，泡茶时的着装也要和茶性相统一，宜整洁大方，忌穿颜色过于艳丽的衣服，宜穿低跟鞋，鞋袜与服饰要配合协调，这才符合茶道端庄、典雅、稳重的感觉。无论男性还是女性，都应仪表整洁，装扮、发型、配饰、形体应与茶席、环境整体相搭配，体现出茶者内在的文化素养与茶文化的内涵。

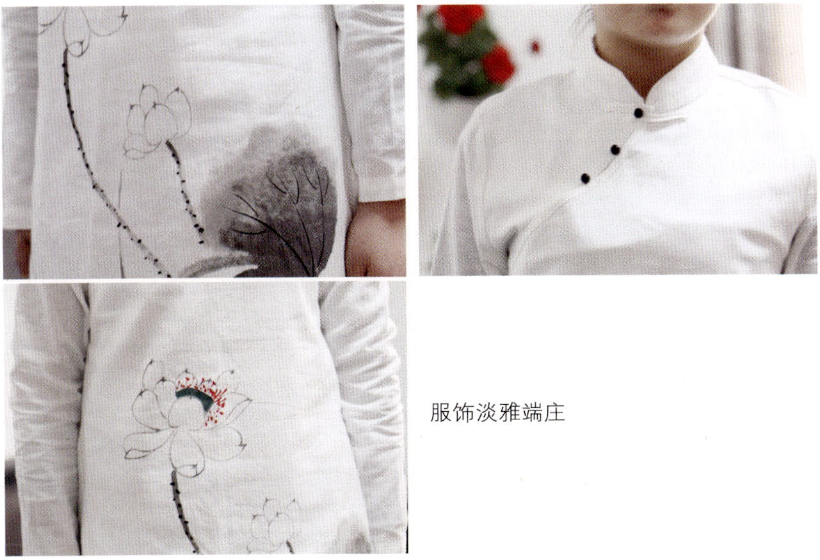
服饰淡雅端庄

发型

发型原则上要根据一个人的脸型而定，适合个人气质，给人一种舒适、整洁、大方的感觉，不论长短，都要按泡茶时的要求进行梳理。如果是短发，要求在泡茶过程中低头时，头发不会落下来挡住视线；如果是长发，泡茶时应将头发束起。

发型适宜

饰品

饰品的佩戴可以彰显一个人的审美观、文化品位、修养程度等，因此饰品应根据一个人的年龄、性格、性别、相貌、肤色、发式、服装、体型、环境等进行合理搭配，还要与茶道所体现的风格相和谐。手上最好不要佩戴太多饰物，就算佩戴也要选择古朴雅致的，像体积太大的戒指、手链等容易敲击茶具，发出不协调的声音，甚至会打破茶具，不宜选择。如果是女性，手腕可佩戴玉镯，以增添古典韵味。

首饰古雅

仪态自然大方

仪态之美

仪态是活动时身体呈现的样子，在沏茶时，人们看重一个人的姿态远胜于容貌。从中国传统的审美观点来看，人们推崇姿态美高于容貌美。姿态包括站、坐、行和手势、表情等方面，以规范、自然、大方、优美为佳。

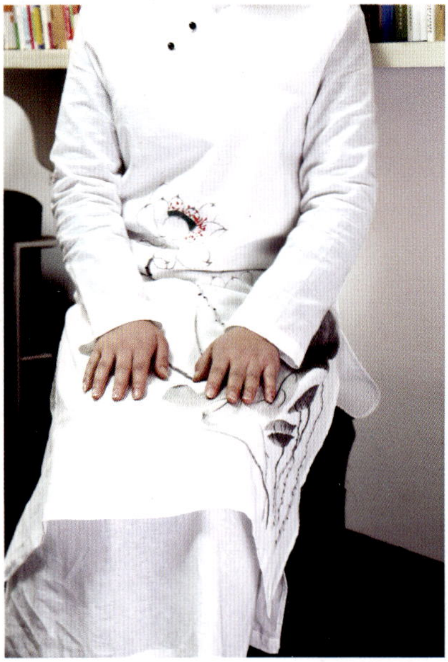
坐姿

坐姿

坐下时要端坐在椅子或凳子中央，使身体重心居中；双腿膝盖至脚踝并拢，上身挺直，双肩放松；女性双手搭放在双腿之上，男性双手可分搭于左右两腿侧上方；下颌微敛，舌抵上颚，鼻尖对肚脐。全身放松，思想集中，姿态自然、美观，不要两腿叉开，也不可跷二郎腿或不停抖动，双手不要搓动或交叉放于胸前，弯腰弓背、低头等都是不雅的姿态。不管客人还是主人，坐姿都应遵循上述要求。若是室内只有沙发，端坐不便，则女性可正坐，两腿并拢偏向一侧斜伸（可两侧互换），双手仍搭在两腿之上；男性可将双手搭在扶手上，两腿可架成二郎腿，但是双脚应下垂，不能将一腿横搁在另一条腿上，注意一定不能抖动。

跪姿

跪姿

跪姿包括跪坐和盘腿坐两种。跪坐，又被称为“正坐”，是我国古代居坐的方式，即双膝跪于坐垫上，双脚脚背着地，臀部坐在双脚上，上身挺直，双肩放松，气质端庄，目不斜视，双手搭放于膝上，女性左手在下，男性反之。男性除正坐外，还可以盘腿坐，即将双腿向内屈伸相盘，双手分搭于两膝上，其他身体部位的姿势与跪坐保持一致即可。现在，跪坐是日本人的坐姿，国人在平时生活中很少用到，故而会不大习惯，南方人更是如此。沏茶时要进行针对性训练，以免动作失误，有伤大雅。

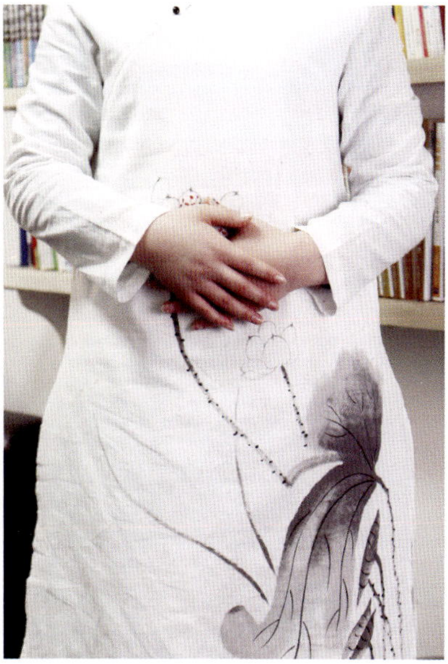
站姿

站姿

无论沏茶时采用哪种姿势，开始准备时都以站姿为基础，因此，站姿好比舞台上的亮相，是不能忽略的。正确的站姿是双脚并拢，身体挺直，头上顶，下颌微收，双眼平视，两肩放松。女性双手虎口交叉置于胸腹间，右手放在左手上。男性双脚呈外八字微分开，双手交叉，左手放在右手上，置于小腹部。

行姿

行姿

女性将双手虎口相交叉，右手搭在左手上，放于胸腹间，保持正确的站姿。行走时脚应保持一条直线，上半身保持平稳，不要扭动摇摆，双肩放松，头上顶，下颌微收，双眼平视。男性也是以站姿为准备，行走时双臂随腿的移动在身体两侧自由摆动。转弯时，向右转则右脚先行，若出错脚，可原地多走一步，调整后再直角转弯。若到达客人面前时为侧身状态，需转身与客人正面相对，跨前两步进行茶艺演示。回身时应先退后两步再侧身转弯，以示对客人的尊敬。

礼仪之美

中国是文明古国、礼仪之邦，客来敬茶是我国的优良传统。人们在长期的茶事活动中，逐渐形成了表示尊重、敬意、友善的行为规范与惯用形式，这就是茶艺服务中的基本礼仪。这些可通过恭敬的言语、动作等体现出来。

寓意礼

茶艺活动经过漫长的发展变化，形成了很多有寓意的礼仪动作，茶人们不需说出口，通过这些动作就能明白对方的意思，这些动作被称为“寓意礼”。

高冲低斟

1. 凤凰三点头

右手提起水壶，靠近茶杯口注水，再提腕、使水壶提升，接着再压腕将水壶靠近茶杯口继续注水，高冲低斟三次之后恰好将杯中注入适宜的茶汤，此时马上提腕、旋转收水。这样的“三点头”寓意对客人三鞠躬，表示欢迎客人的到来。

2. 双手内旋

泡茶过程中，当进行回旋注水、斟茶、温杯、烫壶等动作时，如果需要单手回旋，右手必须按逆时针方向动作，左手必须按顺时针方向动作，左右手的动作像做出“来”的手势，寓意对客人表示欢迎；反之则表示挥斥，寓意请客人赶紧离开。两手同时回旋时，按右手方向动作。

双手内旋

3. 放置茶壶

放置茶壶

茶壶表面的图案应对着客人，表示对客人的欢迎与尊重。壶嘴不能正对客人，这是不礼貌的行为。斟茶时七分满即可，不宜太满，因为我国素来有“浅茶满酒”的传统。

鞠躬礼

鞠躬礼即弯腰行礼。通常在茶艺表演开始和结束时用到。

鞠躬礼分站式和跪坐式两种，又根据弯腰程度的不同，分为真礼、行礼、草礼三种。真礼用于主客之间，行礼用于客人之间，草礼用于说话前后。

1. 站式鞠躬——真礼

首先要保持标准的站姿，然后把搭在一起的两只手慢慢分开，贴着两腿慢慢下滑，同时弯腰，头、背与腿成近90°的弓形。注意，只低头不弯腰或只弯腰不低头都是不正确的。鞠躬的时候要略微停顿一下，表示对客人深深的敬意。再慢慢直起上身，表示对客人连绵不断的敬意。起身的同时双手慢慢归位，恢复原来的站姿。另外，鞠躬要与呼吸相配合，弯腰鞠躬时呼气，直身起来时吸气，行礼的速度要与客人一致，以免尴尬情况出现。

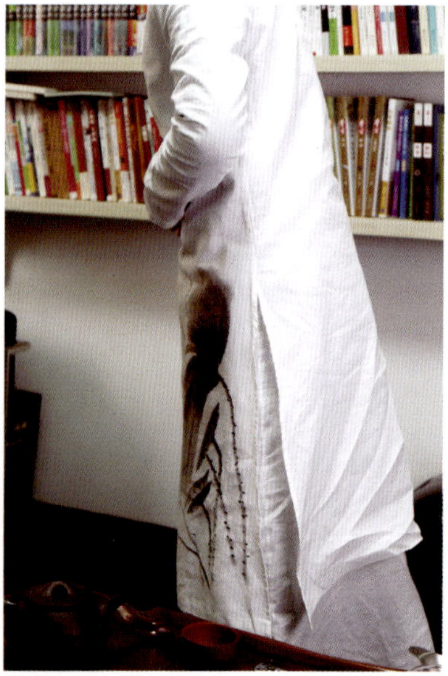

行礼

2. 站式鞠躬——行礼

与真礼的要领基本相同，唯一的区别是头、背与腿成120°弓形。

3. 站式鞠躬——草礼

说话前后可行草礼，这个礼节动作幅度较小，手只需搭在大腿根部即可，头、背与腿成近150°弓形，其余礼仪动作要领和真礼一致。

4. 跪坐式鞠躬——真礼

从标准的跪坐姿势开始，背部和颈部保持平直，上半身向前倾斜，大约成 45°；两手从膝盖慢慢下滑，全手掌着地，两手的指尖相对，身体下倾，胸部与膝盖间只保留一个拳头的距离；低头和弯腰同时进行，稍稍停顿一下，再慢慢直起上身。同站式鞠躬真礼一样，跪坐式鞠躬真礼的呼吸也要与行礼动作相配，行礼的速度与客人保持一致。

5. 跪坐式鞠躬——行礼与草礼

跪坐式鞠躬的行礼、草礼与真礼多数动作要领相似，区别是行礼时两只手仅前半掌着地，也就是第二手指关节以上着地，行 55° 鞠躬礼；行草礼时，只需手指尖着地，身体前倾成 65°。

跪坐式草礼

伸掌礼

茶艺活动过程中最常用到的示意礼是伸掌礼，表示“请”或“谢谢”，主要在请客人帮助传递茶杯或其他物品时使用，主客双方都可以采用。

当两个人面对面时，双方都宜用右手做伸掌礼；当两人并排坐时，一人伸出右掌行礼，另一人伸出左掌行礼。

伸掌时，四指自然并拢在一起，拇指自然内收，手掌略向内凹，将手斜伸在所奉物品的旁边，手腕要含蓄有力。行伸掌礼的同时要欠身微笑，动作和谐。

伸掌礼

奉茶礼仪

茶艺活动中，茶泡好之后，端杯给客人奉茶也不能随便，要遵守相关礼仪。

茶盘既不能离客人太近，也不能太远。离客人太近会给客人一种压迫感，离太远又会给客人带来不便。

给客人奉茶时，要遵循先长后幼、先客人后主人的次序，茶盘的高度也要适度。茶盘端得太高，客人拿取困难；端得太低，奉茶者会不舒服。正确的高度应让客人能在 45° 俯角看到茶杯的汤面。

奉茶人奉茶时一定要把茶盘端稳，不要给人一种不安全的感觉，一定要等客人拿稳后再挪走茶盘。

奉茶人把茶盘端到客人面前时，要说“请喝茶”。如果遇到习惯使用左手的客人，奉茶的时候最好在客人右侧，这样才方便客人取茶。如果是带有柄的茶杯，一定要让茶杯柄的方向对着客人的顺手面，以使之顺利拿到茶杯。

奉茶

行为规范

泡茶时，茶艺表演者或泡茶者的身体要保持端正，腰部不可以塌下去，要保持美丽、优雅的姿势。两臂与肩膀即使在持壶、倒茶、冲水的时候也要注意不要抬得太高，身体不要倾斜。

泡茶过程中，茶艺表演者或泡茶者尽量不要说话。因为口气会影响茶气，影响茶性的挥发。

泡茶过程中，茶艺表演者或泡茶者的手禁止直接接触茶叶、壶嘴等。

倒茶过程中，茶艺表演者的动作幅度要轻。倒茶时不宜手心朝上，否则会显得不雅观。

行为规范

茶艺师

语言之美

俗话说："良言一句三冬暖，恶语伤人六月寒。"品茗是一门高雅的艺术，在茶事活动中，一定要注意遵从一定的语言规范，把握语言艺术的分寸。语言规范是语言美最基本的要求，在茶室中的语言规范可归纳为以下两个方面。

首先，待客"五声"不能少。宾客到来时有问候声，落座后有招呼声，得到协助和表扬时有致谢声，麻烦宾客或工作中有失误时有致歉声，宾客离开时有道别声。

其次，待客使用"敬语"，杜绝"四语"。"敬语"包括尊敬语、谦让语和郑重语。不能出现在茶人口中的"四语"为不尊重宾客的蔑视语，缺乏耐心的急躁语，不文明的口头语，自以为是或刁难他人的斗气语。

除了要遵从以上的语言规范外，在泡茶过程中还要谈吐文雅，语调轻柔，语气亲切，态度诚恳，既要让人感到舒适，也要如实地表达心意，并辅以身体语言之美，让人感到情真意切。

第四节　艺之美

艺之美主要包括茶艺程序编排的内涵美和茶艺表演的动作美、神韵美、服装道具美等方面。茶艺之美在于实践，重在习艺的过程。

基本手法

茶道的手法应符合规范。例如放下器物时，不要轻率、随意，要给人一种优雅、含蓄、彬彬有礼的感觉。操作时讲究指法细腻、动作优美。茶艺表演活动中运用的手法十分丰富，下面我们来说一些基本的手法。

提壶手法

1. 侧提壶，大型壶：右手除拇指外，其他四指握住壶把，左手食指、中指按住壶钮或壶盖。

2. 中型壶：右手除拇指外，其他四指握住壶把。

3. 小型壶：右手拇指和中指勾住壶把。

4. 飞天壶：右手大拇指按住壶钮，其他四指勾住壶把。

5. 提梁壶：右手握提梁把，左

小型壶提法

手食指、中指按住壶钮。

握杯手法

1. 大茶杯，无柄杯：右手握住茶杯基部，女士用左手指尖托杯底。

2. 有柄杯：右手食指、中指勾住杯柄，女士用左手指尖轻托杯底。

3. 闻香杯：右手手指把闻香杯握在拳心，或者双手把闻香杯捧在手间。

4. 品茗杯：右手大拇指、食指握住杯的两侧，中指抵住杯底，无名指及小指自然弯曲。

5. 盖碗：左手大拇指与食指扣住杯身两侧，中指托住杯底。右手拇指、食指、中指按住盖钮，无名指和小指搭住碗壁。

品茗杯握法

手端茶杯

取物手法

1. 捧取法：茶艺活动过程中常用的取物手法之一。

从茶艺师取放茶具的动作就可以看出其修养和个人气质，也能看出茶艺师对茶具的爱惜。以女性坐姿为例，用捧取法取用茶具时，双手慢慢向两侧平移至与肩同宽，向前合抱想要取的茶具，双手掌心相对，捧住茶具的基部，动作轻缓地移至需要安放的位置，轻轻放下后双手收回，再去捧取第二件茶具，直到动作完毕复位。取茶叶罐、箸匙筒、花瓶等立式器物时会用到这一动作。

2. 端取法：茶艺活动过程中取茶具的手法。

开始时双手采取与捧取法一样的姿势，在取用器具时，双手手心向上，掌心稍下凹，平稳地移动器具。端取赏茶盘、茶巾盘、扁形茶荷、茶匙、茶点、茶杯等茶具时常用这种手法。

取茶手法

取茶的手法包括茶匙茶荷法、茶荷法。

1. 茶匙茶荷法

（1）打开茶叶罐，左手握住，倾斜、横放，开口向右移到茶荷上方，右手的大拇指、食指和中指捏住茶匙，伸进茶叶罐中将茶叶轻轻拨出并投进茶荷内。

（2）目测茶叶量，认为数量适宜的时候，用茶匙反上挑，将茶叶罐边沿的茶叶拨回罐里。

（3）左手将茶叶罐竖起来，右手将茶匙下拉，然后放在茶荷上，把茶叶罐盖好放回原处。

（4）左手拿着茶荷，右手拿着茶匙，将茶叶拨入冲泡用具中，再将茶匙放入茶道组中。

取茶手法

取茶手法

2. 茶荷法

取出茶荷置于面前，茶荷口向着自己这边。

左手横握已经打开的茶叶罐，使罐口靠近茶荷边，手腕用力震荡出适量茶叶入茶荷，再把茶荷中的茶叶直接倒入冲泡器具中。

温壶法

温具手法

1. 温壶法

左手揭开茶壶盖，把壶盖放到茶盘中。右手提开水壶注水，按逆时针方向低斟，先浇淋壶的外壁，再使水流顺茶壶口流进壶内，使水从高处冲入茶壶，等注水量为茶壶的 1/2 时再低斟。双手取茶巾放在左手手指上，右手把茶壶放在茶巾上，双手按逆时针方向转动，使茶壶各部分充分接触开水，然后把水倒入水盂中即可。

温杯法

2. 温杯法

右手提壶逆时针转动，使水流沿茶杯壁冲入约容量的 1/3 后停止，用右手的大拇指和食指捏住玻璃杯下端，中指、无名指、小指自然向外，左手的食指轻托杯底，借助手腕的力量，转动茶杯，注意水不能洒出来。

3. 温盖碗法

提壶逆时针向盖内注水，碗内注入 1/3 容量的水时停止。右手取茶匙插到缝隙里，左手手背朝外护在盖碗外，手掌轻靠碗沿；右手用茶匙从内向外拨动盖碗，左手用拇指、食指和中指把碗盖盖在碗上。右手大拇指和中指搭在碗身中间部位，食指抵住盖钮下凹处，左手托碗底，端起盖碗，右手逆时针转动，使盖碗内各部位接触热水。最后右手提盖钮把碗盖靠右斜盖，端起盖碗移到水盂上，将水从盖碗左侧倒进水盂。

冲泡手法

投茶有序，毋失其宜。先茶后汤曰下投；汤半下茶，复以汤满曰中投；先汤后茶曰上投。春秋中投，夏上投，冬下投。

茶多寡宜酌，不可过中失正。茶重则味苦香沉，水胜则色清气寡。（程用宾《茶录》）

1. 上投法

上投法指的是在泡茶时，先按需在杯中冲上开水至七分满，再用茶匙按一定比例取出适量茶叶，投入盛有开水的茶杯中。上投法泡茶，多用在泡茶时开水水温过高，而冲泡的茶又是紧细重实的高级细嫩名茶时。诸如高档细嫩的径山茶、碧螺春、祁门红茶等。用上投法冲泡茶叶时，最好先轻轻摇动茶杯，使茶汤浓度上下均一，茶香透发后再品茶。

上投法

下投法

2. 下投法

下投法是在泡茶方法中用得最多的一种投茶方法，它是相对于上投法而言的。具体方法是：按茶杯大小，结合茶与水的用量之比，先在茶杯中投入适量茶叶，而后按茶与水的用量之比，将壶中的开水高冲入杯至七分满为止。用这种投茶法泡茶，操作比较简单，茶叶舒展较快，茶汁较易浸出，且茶汤浓度较为一致。因此，有利于提高茶汤的色、香、味。目前，除细嫩、高级名优茶外，多数采用的是下投法泡茶。

3. 中投法

中投法是相对于上投法和下投法而言的。目前，对一些细嫩名优茶的冲泡，多数采用中投法，具体操作方法是：先向杯内投入适量茶叶，然后冲入少许开水（以浸没茶叶为止）；接着，右手握杯，左手平摊，中指抵住杯底，稍加摇动，使茶湿润；再用高冲法或“凤凰三点头”法，冲开水至七分满。所以，中投法其实就是用两次分段法泡茶。

中投法

注水手法

注水时头正身直，目不斜视，双肩齐平，抬臂沉肘。如果开水壶比较沉，单手吃力，则可以双手取茶巾，放在左手上，右手提壶，左手托住壶底。右手手腕用力，将茶汤注入茶杯里。同时，还要注意茶壶嘴不能正对客人。下面我们介绍几种常见的注水手法。

1. 凤凰三点头：提壶出水，手臂三起三落，使水流也三起三落。注意水流要流畅，粗细一致，断断续续、粗细不同是不可以的。之所以要壶嘴三起三落，是表示对客人的再三致意。

2. 高冲手法：持壶从泡茶容器的边缘注水。再慢慢抬高手臂，并保持水流不断，待水位到泡茶容器的4/5时再低斟并断水。

3. 回旋法：持壶使水沿着泡茶容器来回旋转，至水满为止。

凤凰三点头

高冲手法

相关链接

品盖碗茶的礼仪

品盖碗茶时的正确姿势是一手持碗，一手持盖，把碗端至胸前，头缓缓低下，手缓缓上抬。用大拇指与中指持盖钮，再将碗盖略倾，用盖边向下轻轻划过茶水水面，将漂在茶汤表面的茶叶拨到一侧，这样可避免喝茶时喝到茶叶。如果茶水很烫，品茶者可以用嘴轻轻地吹，加速冷却。但用嘴吹时，不能太用力，也不可发出声音。

用盖碗品饮佳茗时，首先可以闻闻盖香，然后再闻杯香、赏汤色、品佳饮，一边品一边嗅，才能更好地领略盖碗冲泡法无比美妙的茶韵。

冲泡步骤

绿茶的冲泡步骤

各地的精品绿茶均以鲜嫩的芽叶为原料精制而成，质量上乘、茶味芬芳。泡饮这类茶叶的重点是欣赏其颜色、姿态，感受其香郁、味爽。因此，冲泡绿茶时，用玻璃杯是很好的选择，这样品饮者能充分欣赏绿色嫩芽在冲泡过程中沉浮舒展的状况。

一些绿茶含纤维素较高，为提高茶叶有效成分的浸出率，宜选择保温性稍好的瓷壶冲泡。为避免闷熟茶叶，瓷壶一般不加盖。下面介绍的是西湖龙井的冲泡步骤。

>>1　备具：准备好茶叶、玻璃杯、茶匙等。

>>2　温具：将热水倒入玻璃杯中，轻轻旋转，使杯壁均匀受热，然后将水弃之不用。再用茶巾擦拭玻璃杯，使其不留水渍。

>>3　赏茶：冲泡前先请客人观赏干茶的茶形和色泽，并闻茶香。

>>4　冲水至三分：采用中投法冲泡西湖龙井，将水倒入玻璃杯中，约三分满。

>>5 投茶：将茶叶轻轻拨入玻璃杯中。

>>6 冲泡：将热水倒入玻璃杯中，静置 1 分钟左右。

>>7 奉茶：冲泡完毕后，应先向客人奉茶。

>>8 品茶：饮用之前，应先观赏茶汤的色泽、闻茶香，再饮用。

红茶的冲泡步骤

红茶香气浓郁，滋味醇厚，汤色红亮，适于选择瓷质茶具或玻璃杯冲泡。当然，这也不是绝对的，我们应该根据不同品种的红茶品质特点选择适宜的冲泡器具。

例如，正山小种带有松烟气味，适于选用紫砂茶具或其他陶瓷茶具冲泡，这种材质的茶具可以抵消部分松烟气味，使茶的香气更加纯正，滋味更加醇厚。祁红具有“宝光、金晕、汤色红艳”三大特点，最适合用瓷质茶具冲泡，用玻璃器皿赏茶汤。滇红适合用玻璃器皿赏茶形，也可以选用盖碗冲泡。下面介绍的是正山小种的泡茶步骤。

>>1 备具：准备盖碗、公道杯、品茗杯等需要使用的茶具。

>>2 温壶：将水倒入盖碗中，预热盖碗，以便更好地释放茶香。

>>3 温杯：将盖碗中的水倒入公道杯中，然后预热品茗杯，最后将水弃掉不用。

>>4 投茶：打开壶盖，用茶匙将茶叶拨入盖碗中。

>>5 冲水：向盖碗中倒入沸水。

>>6 出汤：将盖碗中的茶汤倒入公道杯中。

>>7 擦拭：用毛巾擦拭公道杯的底部，不留水渍。

>>8 出汤：将公道杯的茶汤倒入品茗杯中，至七分满。

>>9 奉茶：将倒好的茶水置于客人面前，注意奉茶的礼节。饮用之前要先闻茶香，再观汤色。饮用之时要缓缓啜饮，慢慢细品，在徐徐体察和赏味之中，品出红茶的醇味，领会饮红茶的真趣。

乌龙茶的冲泡步骤

品质优异的乌龙茶带有花香，滋味醇厚、鲜爽，汤色金黄或橙黄，适于选择紫砂壶和白瓷茶具冲泡。

品饮乌龙茶应选择小壶冲泡，小杯饮用，而且还要采用特定的手法，即用拇指和食指按住杯沿，中指托住杯底，先闻茶香再饮用。下面介绍的是安溪铁观音的泡茶步骤。

>>1　备具：准备紫砂壶、公道杯、茶匙、品茗杯等。

>>2　温具：将热水倒入紫砂壶中，并用热水淋壶，用温壶的水依次温公道杯、品茗杯。

>>3　弃水：温具结束后，将品茗杯中的水弃之不用。

>>4　赏茶：将茶叶取出，置于碟中，用茶匙将碟中的干茶轻轻拨入紫砂壶中。

>>5　洗茶：将热水倒入紫砂壶中，用茶巾擦去水渍。然后将茶汤依次倒入公道杯和品茗杯中，将茶汤弃之不用。

>>6　冲泡：洗茶结束后，进行正式冲泡。冲泡铁观音应采用悬壶高冲法，将水倒入壶中。然后进行淋壶，保持壶温。

>>7　出汤：用茶巾擦拭壶底，去掉水渍，将茶汤倒入公道杯中，然后依次倒入品茗杯中。

>>8　奉茶：分茶完毕后，要先向客人奉茶。饮用之前，要先闻香气，然后再品尝其滋味。

黄茶的冲泡步骤

黄茶香醇味甘，汤色黄亮。冲泡时如选择紫砂壶可以使香气浓郁，如选择玻璃杯，可以观察到茶叶在水中直立的景象。特别是冲泡君山银针时，使用玻璃杯可以观赏到茶叶在水中上下起伏的情景。下面介绍的是君山银针茶的泡茶步骤。

>>1　备具：准备茶叶、玻璃杯、茶匙等。

>>2　温具：将热水倒入玻璃杯中，然后倾斜 30°，并轻轻旋转玻璃杯，使杯壁均匀受热。

>>3　弃水：温具结束后，将玻璃杯中的水倒在茶盘上，弃之不用。然后用茶巾擦拭玻璃杯，使其不留水渍。

>>4　赏茶：将茶叶取出，置于碟中，并在冲泡前先请客人观赏干茶的茶形和色泽，并闻茶香。

>>5　冲水：采用中投法冲泡君山银针，将水倒入玻璃杯中，约三分满。

>>6　投茶：将茶叶轻轻拨入玻璃杯中。

>>7　温润茶：旋转玻璃杯，温润茶，以使茶叶均匀受热。

>>8　冲泡：将热水倒入玻璃杯中，静置1分钟左右。

>>9　奉茶：冲泡完毕后，应先向客人奉茶。

>>10　品茶：饮用之前，应先观赏茶汤的色泽、闻茶香，再饮用。

白茶的冲泡步骤

白茶鲜香馥郁，滋味甘醇鲜爽，汤色黄亮清澈。冲泡时可选择没有花纹的直筒玻璃杯，观察白茶在水中舒展沉浮的过程；也可选择紫砂壶，使其香气可以自由挥发。下面介绍的是白毫银针的泡茶步骤。

>>1 备具：准备紫砂壶、公道杯、茶匙、品茗杯等。

>>2 温具：将热水倒入紫砂壶中，并用温壶的水依次温公道杯、品茗杯。

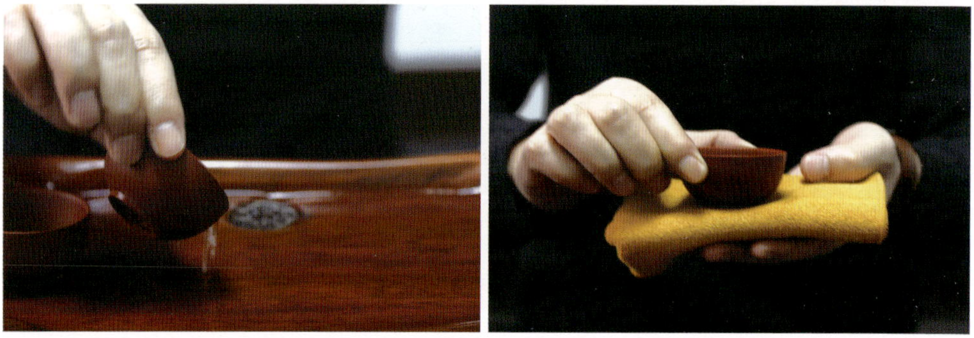

>>3 弃水：温具结束后，将品茗杯中的水倒在茶盘上，弃之不用。然后用茶巾擦拭品茗杯，使其不留水渍。

>>4 赏茶：将茶叶取出，置于碟中，并在冲泡前先请客人观赏干茶的茶形和色泽，然后用茶匙将碟中的干茶轻轻拨入紫砂壶中。

>>5 冲泡：采用下投法，将水冲入紫砂壶中，静置 1 分钟左右，然后将茶汤倒入公道杯中。

>>6 分茶：将公道杯中的茶汤分至品茗杯中。

>>7 奉茶：分茶完毕后，要先向客人奉茶。饮用之前，要先闻白毫银针茶汤的香气，然后再品尝其滋味。

黑茶的冲泡步骤

黑茶韵味独特，滋味粗老，十分特别，其中普洱茶更是有着乌润的色泽以及独特的陈香。冲泡时可以采用白瓷或紫砂器，下面介绍的是普洱茶的泡茶步骤。

>>1　备具：准备紫砂壶、公道杯、品茗杯、茶叶罐、茶匙等泡茶用具。

>>2　温杯：温紫砂壶、公道杯、品茗杯。将热水注入盖碗、公道杯与品茗杯中进行温杯，然后将水倒掉。

>>3 取茶：用茶匙从茶叶罐中取出茶叶，并请客人观赏干茶的茶形、色泽及闻茶香。

>>4 置茶：将干茶轻轻拨入紫砂壶中。

>>5 倒水：直接倒满紫砂壶。

>>6 洗茶：将倒入的热水倒掉。洗茶时间 8 秒 ~ 10 秒即可。

>>7 泡茶：将热水倒入紫砂壶中，静置约 15 秒，待出茶汤后，将茶汤倒入公道杯中。

>>8　斟茶：先用毛巾将公道杯杯底的水渍擦拭干净，然后将茶汤分到各个品茗杯中。

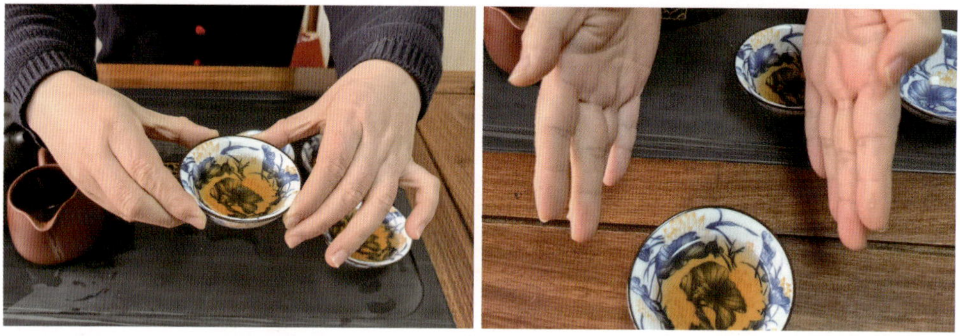

>>9　奉茶：泡茶完毕后，首先要向客人奉茶。

>>10　观茶色、闻茶香：饮用之前，要先观赏茶汤的颜色并闻其香气。

>>11　品鉴：闻香完毕后，即可品尝味道了。

花茶的冲泡步骤

花茶融茶之韵与花之香于一体，引花香，增茶味，使花香茶味珠联璧合，使得茶具有诗一般的美感。从花茶中我们仿佛可以品出春天的气息。

由于花茶别具美感，所以冲泡和品饮的时候也要有诗一样美的心情。下面介绍的是胎菊的冲泡方法。

>>1　备具：准备茶叶、玻璃杯、茶匙、茶巾等。

>>2　温具：将热水倒入玻璃杯中，并轻轻旋转玻璃杯，使杯壁均匀受热，以提高杯子的温度，帮助茶品更好更快地挥发茶香。

>>3　弃水：温具结束后，将玻璃杯中的水弃之不用，然后用茶巾擦拭玻璃杯，去掉水渍。

>>4　赏茶：将茶叶从茶叶罐中取出，置于碟中，冲泡前应先请客人观赏干茶的茶形和色泽。

>>5　冲水：采用中投法冲泡胎菊，将水倒入玻璃杯中，约三分满。

>>6　温润泡：将茶叶轻轻拨入玻璃杯中，倒入热水，并旋转玻璃杯，使茶叶均匀受热。

>>7　冲泡：温润泡结束后，将热水倒入玻璃杯中，至八分满，静置 2 分钟左右。

>>8　奉茶：冲泡完毕后，应先向客人奉茶。

>>9　品茶：饮用之前，应先观赏茶汤的色泽、闻茶香，再饮用。

相关链接

品茶

专业的品茶人取嗅觉、视觉、味觉三种感觉的交集，来判断冲泡技艺及茶叶的质量。

1. 嗅觉闻茶香

闻茶香可细分为热嗅、温嗅、冷嗅三种。热嗅主要是闻茶香中是否有异味，如烟、焦、酸、馊、陈及霉等气味。温嗅主要是闻香气的高低、类型及清浊。冷嗅主要是闻茶香的持久程度。

2. 视觉观茶色

不同的茶叶在冲泡后会呈现颜色不一的茶汤，如绿茶茶汤绿而清澈，红茶茶汤红艳明亮，乌龙茶茶汤黄亮澄澈，即使是同类茶叶的不同品种也会有颜色上的细微差异。

3. 味觉品茶汤

先品尝一小口茶汤，后让茶汤在口中含留片刻，分别以舌尖、舌两侧及舌根的味蕾细细品味。品味的同时，可再体味一下茶香，然后缓缓入喉。

茶艺·茶道

总 策 划

王丙杰　贾振明

排版制作

文贤阁

图片提供

贾　辉　李　茂

http://www.nipic.com

http://www.huitu.com

http://www.microfotos.com

https://699pic.com